Family nutrition

家庭营养汤1688例

高清版

大号字体 方便阅读

策划·编写 犀文图书

浙江科学技术出版社

前　言

Preface

中华传统饮食文化源远流长，不仅融色、香、味为一体，而且造型精美。时移世易，中华饮食文化还不断加入创新元素，将营养、美味与健康调配得和谐统一。为此，我们隆重地推出了这一套字体清晰、图文并茂，特别适合中老年人阅读的高清版家常营养食谱。

这套食谱以家常菜为主导，包括《孕产期营养食谱1688例》、《婴幼儿营养食谱1688例》、《地方特色菜1688例》、《家庭营养甜品1688例》、《家庭健康药膳1688例》、《快手学厨艺1688例》、《家庭营养主食1688例》、《家庭营养点心1688例》、《家庭营养素菜1688例》、《家庭营养糖水1688例》、《名菜家做1688例》、《家庭营养粥1688例》、《家庭营养汤1688例》、《家庭营养荤菜1688例》、《四季营养餐1688例》、《女人生理调养食谱1688例》、《蒸炒炖煮烧卤熏1688例》和《五脏营养调理食谱1688例》，共18本，涵盖了东西南北的风味，传统与创新的搭配，既家常又不失美味和健康。

汤补，早已经不是一个新的概念了，在我们几千年的饮食文化和中医理论以及实践中，处处都有汤补的记载。前人不断地探索和实践，为我们总结出了许许多多宝贵的汤补经验，充分说明汤补所具有的药物不能代替的效果。

对于现代人来说，随着物质生活的日益改善，人们对汤补的要求越来越高。那么，什么时候进行什么样的汤补，多数人未必完全了解和懂得。其实这个问题并不难，因为每个人的体质都是不一样的，只有适合自己体质的汤才是最有营养的。为此，我们特意策划编写了《家庭营养汤1688例》。全书分为禽类、畜类、水产类和蔬菜蛋类四大类别，每个菜式都从主料和辅料的搭配，以及制作过程给予了详细介绍，文字简练，表述清晰，并配有精美的图片和小贴士。全书内容丰富，图文并茂，通俗易学，操作性强，是广大读者不可多得的有益参考书。

编　者

2015年8月

目录 Contents

禽类 QINLEI

畜类 CHULEI

水产类 SHUICHANLEI

蔬果、蛋类 SHUGUO DANLEI

禽 类

虫草麦冬老鸭汤

主料: 老鸭200克。

辅料: 冬虫夏草6克，麦冬9克，川贝6克，生姜、胡椒、盐各适量。

制作方法

1. 冬虫夏草、麦冬、川贝分别洗净；老鸭去骨取肉。
2. 鸭肉加清水适量，与生姜、胡椒同炖至鸭肉熟。
3. 放入冬虫夏草、麦冬、川贝，再用小火煨炖30分钟，加盐调味即可。

【营养功效】延年益寿，滋肾止喘，益肺养阳，补益气血。

上火、体热人士慎食。

腊鸭颈芥菜汤

主料: 腊鸭颈300克，芥菜500克。

辅料: 盐适量。

制作方法

1. 将芥菜洗净切开成数大段。
2. 将腊鸭颈洗净、剁开数段，干锅里爆香，炒至出油后加入芥菜一齐炒。
3. 加水煮沸15分钟后加盐调味即可。

【营养功效】祛燥下火。

小贴士

此汤尤宜秋冬燥日进饮。

蒜子煲牛蛙

主料：牛蛙 500 克。

辅料：蒜子、盐各适量。

制作方法

1. 牛蛙剖洗干净，去皮、头、内脏，斩件备用。
2. 将牛蛙和蒜子放在沙锅里，然后小火煲 2 小时左右，用盐调味即可。

【营养功效】蒜子不仅营养丰富，香气浓郁，而且有很强的杀菌能力。

小贴士

不要捕捉野生蛙类食用。

栗子煲鸡

主料：老鸡 800 克，板栗 250 克。

辅料：葱、老姜、盐各适量。

制作方法

1. 将老鸡切好洗净。
2. 将老鸡和板栗、老姜一起放在煲内，煲 2 小时，用葱、盐调味即可。

【营养功效】板栗含有大量淀粉、蛋白质、脂肪、B 族维生素等多种营养成分，素有“干果之王”的美称。

小贴士

板栗不宜食用太多，生吃太多不易消化，熟吃太多容易滞气。

鸭心炖莲子

主料: 鸭心 500 克，莲子 20 克。

辅料: 老姜、盐各适量。

制作方法

1. 将鸭心去杂，洗净。

2. 然后将鸭心、老姜和莲子一起放在煲内，煲 2 个小时，用盐调味即可。

【营养功效】健心健胃。

小贴士

在中国西南部的一些地区，鸭心待客是农家表达对贵客尊敬的一种重要礼仪。

陈肾蜜枣煲西洋菜

主料: 西洋菜 500 克，鲜鸭肾 200 克，陈肾 100 克，蜜枣适量。

辅料: 老姜、盐、姜、食用油各适量。

制作方法

1. 鲜鸭肾切花，陈肾切开。

2. 将所有材料放在煲内，煲 2 小时，用盐调味即可。

【营养功效】清热止咳，清燥润肺，化痰止咳。

小贴士

陈肾是广东特有的食材，即腊鸭肾。

雪花鸡汤

主料：母鸡800克。

辅料：生姜、党参、红枣、山药、银耳、薏米、葱白、盐各适量。

制作方法

1. 将党参、山药、银耳洗净切段，装入纱布袋内；红枣、薏米洗净另装袋。

2. 母鸡宰杀干净，剁块，放入锅内，加入适量清水，再放入药袋和生姜、葱白，用大火煮沸，改小火炖3个小时左右。

3. 捞出纱布袋，将红枣、薏米加入原汤，用盐调味即成。

【营养功效】党参含有维生素A、维生素C、维生素E等，具有补气生血的功效。

小贴士

过多食用红枣会引起胃酸过多和腹胀。

菠萝鸡片汤

主料：菠萝250克，鸡脯肉150克。

辅料：生姜丝、盐、料酒、香油、淀粉、食用油各适量。

制作方法

1. 将菠萝削皮后用盐水浸泡片刻，切成扇形；鸡脯肉洗净切薄片，用盐、料酒、淀粉拌匀上味。

2. 锅中倒入食用油烧热，放生姜丝煸炒片刻，放入鸡脯肉片，大火翻炒，加入波萝片再炒几下，加盐、清水，盖好锅盖。

3. 待汤煮沸后，淋上香油即可。

【营养功效】菠萝具有健胃补脾和促进消化的功效。

小贴士

吃菠萝前千万别忘记用盐水浸泡菠萝。

银杏莲肉炖乌鸡

主料：乌鸡800克，银杏6克，莲子20克。

辅料：姜、盐、味精各适量。

制作方法

1. 将乌鸡宰杀干净；银杏、莲子洗净；姜洗净去皮，切片。

2. 锅内倒入适量清水煮沸，放入乌鸡、姜片稍煮片刻，去清血污，捞起。

3. 将乌鸡、银杏、莲子一起放入干净的炖盅内注入清水炖2小时，加盐、味精即可。

【营养功效】莲子含有丰富的钙、铁和钾，具有补脾养心的功效，是老少皆宜的食品。

小贴士

脾胃虚寒者忌食莲子。

四物乌鸡汤

主料：乌鸡400克。

辅料：生姜、葱段、熟地、白芍、当归、川芎、盐、味精各适量。

制作方法

1. 将乌鸡洗净，剁块。

2. 锅中注入清水适量，放入鸡块、熟地、白芍当归、川芎一起炖煮至熟。

3. 最后加入生姜、葱段，用盐、味精调味即可

【营养功效】乌鸡具有养血补虚、强筋骨的功效，是产妇不可错过的滋补食材。

小贴士

肠胃不适的患者不要食用此汤。

姜归母鸡汤

主料：母鸡 800 克。

辅料：葱、料酒、盐、胡椒、生姜、当归各适量。

制作方法

1. 将母鸡洗净后切块，放入开水烫洗；当归、生姜切片，葱切段。

2. 锅内加水适量，入鸡块大火煮沸，除去汤面上的泡沫，然后放入姜片、当归片、料酒、胡椒，改用小火炖至鸡烂骨酥。撒入葱花后放盐调味即可食用。

【**营养功效**】此汤滋补脾胃、补血活血、养颜益容。

小贴士

湿盛中满及大便溏泄者、孕妇忌食此汤。

椰子燕窝鸡肉汤

主料：椰子肉适量，鸡肉 250 克，瘦肉 150 克。

辅料：火腿、燕窝、料酒、盐各适量。

制作方法

1. 将鸡肉、瘦肉洗净切小块。

2. 把燕窝浸水去细毛；火腿切小片；椰子肉切成片。

3. 把燕窝、椰子肉、鸡肉、瘦肉、火腿放入沙锅内，再加入适量的清水，煮约 3 小时，加适量料酒、盐即可。

【**营养功效**】消暑解热。

小贴士

在炎热的夏季，可饮椰汁解暑。

罗汉果菜干鹌鹑汤

主料：白菜干50克，瘦猪肉100克，鹌鹑500克，罗汉果适量。

辅料：甜杏仁9克，苦杏仁9克，陈皮、盐各适量。

制作方法

1. 将白菜干浸透，洗干净，切段；罗汉果、甜杏仁、苦杏仁和陈皮洗干净；甜杏仁、苦杏仁去衣。

2. 瘦猪肉洗干净切丁，鹌鹑刮洗干净、去毛及内脏。

3. 瓦煲内加清水，用大火煲至水滚，放入以上材料，候水再滚起，改用中火煲3小时，加盐调味即可饮用。

【营养功效】清热润肺，理气定喘。

小贴士

购买罗汉果时，应该挑选个大形圆，色泽黄褐，摇不响，壳不破、不焦，味甜而不苦者为上品。

白果腐竹土鸡汤

主料：白果150克，腐竹100克，土鸡600克。

辅料：盐、姜片、葱、胡椒粉、料酒各适量。

制作方法

1. 将白果去壳取肉，洗净；腐竹泡发，切段；土鸡洗净，斩块。

2. 上述材料和料酒、姜片一同放入沙锅内，加水适量，大火煮沸后，小火煨炖2小时。

3. 加胡椒粉、葱、盐调味即可。

【营养功效】消脂降压，滑润去燥。

小贴士

5岁以下小孩忌食白果。

淮杞牛筋煲乳鸽

主料：山药 20 克，枸杞子 20 克，牛筋 100 克，乳鸽 500 克。

辅料：姜、陈皮、盐各适量。

制作方法

1. 先将牛筋放入大碗内，加入适量滚水，放于锅内隔水蒸约 4 小时，蒸至牛筋酥软时取出，再用冷水浸漂 2 小时，剥去外层筋膜，洗净，切段。

2. 乳鸽刷洗干净，去毛、内脏；山药、枸杞子、姜和陈皮分别洗干净。

3. 瓦煲内加入适量清水，先用大火煲至水滚，然后放入以上全部材料，改用中火煲 3 小时。加入盐调味，即可饮用。

【营养功效】山药肉质肥厚，富含淀粉，是珍贵的蔬菜料。

小贴士

选用枸杞子时，以粒大、肉厚、色红、籽少、质柔、味甜者为佳。

乌鸡炖海螺肉

主料：海螺肉 100 克，乌鸡 200 克，无花果 20 克，红枣 15 克。

辅料：姜 10 克，葱 10 克，盐 6 克，味精 3 克。

制作方法

1. 将海螺肉处理干净切块；乌鸡砍成块；姜去皮切片；葱切成段。

2. 锅内烧水，待水开时，投入海螺肉、乌鸡块，用中火汆水，去净腥味血渍，倒出洗净。

3. 另取炖盅一个，加入海螺肉、乌鸡、无花果、红枣、姜、葱，调入盐、味精，注入适量清水，加盖炖约 3 小时，即可食用。

【营养功效】滋阴清热，补肝益肾，温补气血。

小贴士

俗话说得好，“一日吃三枣，红颜不显老”。

赤豆花生鹌鹑汤

主料：赤豆50克，花生60克，鹌鹑800克，红枣、蜜枣各适量。

辅料：盐适量。

制作方法

1. 赤豆、花生、红枣、蜜枣洗净；鹌鹑去内脏，洗净。

2. 锅内放水，煮沸，投入鹌鹑，汆水，捞起。

3. 将清水适量放入炖盅内，加入以上用料，隔水炖约2小时，加盐调味即可。

【营养功效】补血美容。

小贴士

注意赤豆不要与赤小豆（暗红）和相思子（半红半黑）相混淆。

山药乌鸡汤

主料：山药600克，乌鸡500克，香菇、红枣各适量。

辅料：盐、香油各适量。

制作方法

1. 红枣泡水至膨胀；香菇整朵洗净，泡温水再切去蒂头；山药去皮，切块备用。

2. 将乌鸡洗净切块，放入滚水中汆烫，捞起后再洗净。

3. 将乌鸡、香菇、红枣放入深锅内，加冷水以中火煮2.5小时，再加入山药和水，一起煮至山药松软。最后加入盐、香油即可。

【营养功效】滋阴清热、补肝益肾、健脾止泻。

小贴士

此汤特别适合体虚血亏、肝肾不足、脾胃不健的人食用。

瓦罐鸡汤

主料：老母鸡 800 克，蜜枣、党参各 10 克。

辅料：盐、味精、熟猪油、葱、姜、料酒各适量。

制作方法

1. 老母鸡宰杀去毛、去头爪，留肝、肫、心，鸡身剁块，腿、翅保持原状。

2. 炒锅放大火上烧热，下熟猪油 30 克，下葱、姜煸香，再下鸡块爆炒，烹料酒，香气扑鼻时，起锅盛瓦罐中。

3. 瓦罐加足清水，投入蜜枣、党参，大火煮沸，撇去浮沫，用小火加盖焖煨 3 小时，加盐、味精上桌。

【营养功效】强身健体，补身防虚。

小贴士

鸡肉忌与芹菜、鲤鱼、芥末同食。

椰子银耳煲老鸡

主料：老鸡 800 克，椰子、干银耳、红枣各适量。

辅料：姜片、盐各适量。

制作方法

1. 椰子去皮，取其椰子水和椰子肉；将老鸡宰杀洗净，汆烫后备用。

2. 将干银耳泡水 15 分钟，洗净去蒂备用。

3. 将老鸡放入锅中，加热水适量，以大火煮沸后，改用中火继续煮 45 分钟，再放入银耳、红枣、姜片、椰子水和椰子肉一起煮 45 分钟，最后加盐调味即可。

【营养功效】椰子味甘性平，纤体瘦身，补益脾胃。

小贴士

体内热盛的人不宜常吃椰子。

芡实薏米老鸭汤

主料: 老鸭800克，瘦肉100克，冬瓜200克。

辅料: 盐、姜、荷叶、海参、芡实、薏米各适量。

制作方法

1. 芡实、薏米分别洗净，薏米加清水泡透；荷叶洗净，撕成小片；海参泡发，切块；姜切片。

2. 瘦肉洗净、切块；老鸭洗净、斩块；冬瓜连皮斩块。

3. 将上述材料一同放入沙锅内，加清水适量以大火煮沸后，用小火煲至鸭肉熟烂，加盐调味即可。

【营养功效】补脾益气。

小贴士

久病与阳虚肢冷者忌食此汤。

赤豆苹果鸭

主料: 赤豆250克，苹果1个，水鸭800克。

辅料: 盐4克，味精1克，葱适量。

制作方法

1. 将赤豆、苹果分别洗净，苹果切大块；水鸭宰杀后去内脏，洗净。

2. 将赤豆与苹果一同放入鸭腹。

3. 将鸭放入沙锅内，加水适量，以大火煮沸后用小火炖至鸭肉熟烂，加葱、盐、味精调味即可。

【营养功效】利尿消肿，减肥轻身。

小贴士

赤豆与谷类食品混合食用，一般制作成豆饭或豆粥。

红枣香菇鸡汤

主料：冬瓜 750 克，鸡 1200 克，猪瘦肉 200 克，红枣、香菇各适量。

辅料：生姜、盐各适量。

制作方法

1. 红枣洗净，去核；冬瓜洗净，连皮切块。

2. 香菇去蒂，用清水泡 3 小时，泡后的水留用；鸡肉、猪瘦肉洗净，切块。

3. 将红枣、香菇、鸡肉、猪瘦肉和生姜一同放入沙锅内，加入香菇水和清水适量，以大火煮 10 分钟后，改用小火煲 2 小时，加入冬瓜再煲 30 分钟，加盐调味即可。

【营养功效】减肥利湿，清肺健脾。

小贴士

香菇蒂即香菇的颈，颈柄细短，菇身自然单薄；颈柄粗厚，身形自然壮实。

荷叶薏米牛蛙汤

主料：冬瓜 600 克，牛蛙 500 克。

辅料：荷叶、薏米、盐、味精各适量。

制作方法

1. 荷叶洗净，撕成小片；薏米用清水泡透；冬瓜洗净，连皮切块。

2. 牛蛙去头、皮、内脏，洗净，斩成块。

3. 沙锅加水适量，煮沸后，加入上述材料，以大火煲沸后，再用小火煲 2 小时，加盐、味精调味即可。

【营养功效】牛蛙含丰富的蛋白质、钙、铁和锌，具有滋阴补虚的功效。

小贴士

体瘦、气血虚弱者慎食此汤。

黑芝麻赤豆鹌鹑汤

主料：黑芝麻 20 克，赤豆、桂圆肉各 30 克，鹌鹑 800 克。

辅料：蜜枣 10 克，盐 5 克。

制作方法

1. 黑芝麻、赤豆、桂圆肉洗净，浸泡；蜜枣洗净。
2. 鹌鹑去毛、内脏，洗净，汆水。
3. 将清水适量放入瓦煲内，煮沸后加入以上用料，大火煲滚后，改用小火煲 3 小时，加盐调味即可。

【**营养功效**】补肝肾，益精血，润肠燥。

小贴士

鹌鹑不宜与猪肝以及菌类食物同食，否则会引起中毒现象。

白菜母鸡汤

主料：老母鸡 800 克，白菜心适量。

辅料：料酒、葱片、姜片、盐、味精各适量。

制作方法

1. 鸡肉、白菜心分别洗净，白菜心从根部[illegible]成 8 片。
2. 鸡肉切块放锅内加料酒、姜片、葱片、[illegible]水各适量，用小火煮至约 30 分钟。
3. 投入白菜同煮约 5 分钟，加盐、味精调[illegible]即成。

【**营养功效**】散风除寒。

小贴士

老母鸡炖汤的最大好处是味道浓[illegible]鲜美，受到很多人的推崇。

主料: 鲜奶 300 毫升，乌鸡 500 克。

辅料: 红枣、生姜、盐各适量。

制作方法

. 红枣去核，洗净；乌鸡洗净，斩件。

. 锅内放水，烧滚，投入乌鸡汆水。

. 将乌鸡、红枣、生姜置于炖盅内，注入清
k适量，加盖，隔水炖 2 小时。倒入鲜奶，
口盐调味即可。

【**营养功效**】美颜养容。

小贴士

鲜奶不宜久炖，否则会破坏鲜奶的营养成分，故鲜奶应待汤炖好后再加入
中。

主料: 老鸭 800 克。

辅料: 山药、桂圆肉、枸杞子、益智仁、姜、盐各适量。

制作方法

把老鸭杀好，去除内脏后洗净；山药、桂
、枸杞子、益智仁、姜片洗净备用。

以上材料一起放进煲内，放适量清水，煲
小时左右。

最后加入盐调味便可食用。

营养功效】补脑益智，补中益气。

贴士

选购鸭时，注意选购老鸭，因清肺热是指老鸭而言。嫩鸭性温热燥，治功能不及老鸭。

黑豆莲藕乳鸽汤

主料： 莲藕500克，乳鸽500克。

辅料： 盐、陈皮、黑豆、红枣各适量。

制作方法

1. 先将黑豆放入铁锅中，干炒至豆衣裂开，再洗干净，晾干水，备用。

2. 乳鸽去毛、内脏剖洗干净备用；莲藕、陈皮和红枣分别洗干净，莲藕切件，红枣去核，备用。

3. 瓦煲内加入适量清水，先用大火煲至水滚然后放入以上全部材料，改用中火煲3小时加入适量盐调味即可饮用。

【营养功效】补益气血、补虚强身、益肝肾。

小贴士

黑豆煲汤一般要将其煮烂，否则食用时会造成腹胀或消化不良。

核桃党参乳鸽汤

主料： 核桃肉100克，乳鸽500克。

辅料： 党参、灵芝、蜜枣、盐各适量。

制作方法

1. 将核桃肉、党参、灵芝、蜜枣分别洗干净备用；将乳鸽去毛、内脏洗净备用。

2. 往碗内加入适量清水，放入以上全部材料上笼炖约3小时。

3. 加入盐调味即可饮用。

【营养功效】补气血、益脏腑、强壮筋骨益精除湿。

小贴士

党参不宜与藜芦同用。

主料：鸭 800 克，鲜荔枝 200 克。

辅料：干贝、陈皮、盐适量。

制作方法

. 鲜荔枝去壳去核，陈皮刮白；干贝用清水浸 1 小时。

. 鸭切去脚、切去鸭尾，如忌肥油可撕去一部分鸭皮，洗净放入滚水中煮 10 分钟，取起洗净。

. 适量水放入煲内，陈皮也放入煲内煲滚，放入鸭、干贝、荔枝肉煲滚，小火煲 3 小时，放盐调味即可。

【营养功效】补中益气、补血生津。

小贴士

荔枝的火气较重，气盛者忌食。

主料：绿豆 200 克，老鸭 800 克。

辅料：土茯苓 40 克，姜片、盐各适量。

制作方法

将老鸭去除内脏剖洗干净；绿豆、土茯苓、姜片洗干净。

绿豆连同老鸭、土茯苓、姜片一起放入煲内，适量清水，煮 4 小时。

用盐调味即可。

【营养功效】清热气、解湿毒。

小贴士

感冒患者不宜食用此汤。

熟地水鸭汤

主料：水鸭800克，猪瘦肉100克。

辅料：金银花15克，熟地黄10克，盐适量。

制作方法

1. 水鸭杀好洗净、猪瘦肉洗净，切块留用。

2. 将水鸭、猪瘦肉连同金银花、熟地黄一起放入煲中，加清水适量，煮约4小时。

3. 加盐调味便成。

【营养功效】消暑清热。

小贴士

此汤因其性寒，凡脾虚便溏者忌食。

百合马蹄乌鸡汤

主料：百合60克，马蹄50克，乌鸡800克。

辅料：梨100克，香蕉50克，糯米、姜、料酒、盐各适量。

制作方法

1. 百合、马蹄、梨、香蕉分别切成粒状，与糯米拌匀。

2. 乌鸡除去内脏，洗净，将糯米团置于鸡腹内缝合切口。

3. 乌鸡放入炖盅中，加姜、盐、料酒和适清水，用小火炖熟，取出糯米团即可，糯团可当主食。

【营养功效】滋阴补血、益气健胃、清润燥。

小贴士

马蹄要洗净削皮后才可食用。

主料：山药 30 克，乌鸡 800 克。

辅料：枸杞子 10 克，红枣、陈皮、盐各适量。

制作方法

山药、枸杞子、红枣、陈皮分别洗净，红枣去核；乌鸡斩成大块。

将乌鸡用沸水烫过，除去血水。

上述材料一同放入沙煲，加水适量，煲 3 小时加盐调味即可。

营养功效】补益气血、滋阴补肾、益肝明目。

小贴士

乌鸡连骨（砸碎）熬汤滋补效果最佳。

栗子芋头鸡汤

主料：栗子 300 克，鸡腿 500 克。

辅料：芋头 50 克，食用油、香油、料酒各适量。

制作方法

栗子洗净，用手撕去外膜备用；芋头去皮、切块，放入热油锅中煎至微黄。

鸡腿洗净，取出骨头及腿筋，肉厚处也用刀划开，再整只切块，放入沸水中汆烫。

将栗子、鸡腿、芋头放入锅内，加入冷水，大火煮沸，再改用小火煮约 20 分钟，盛前滴入香油，再放入料酒即可。

营养功效】健脾养胃、补肾强腰、益气补血。

小贴士

栗子不能与牛肉同食，否则会削减营养价值，且不易消化。

当归黄芪鸭汤

主料：鸭500克。

辅料：当归3克，黄芪3克，嫩姜、老姜、料酒、盐各适量。

制作方法

1. 当归、黄芪、嫩姜、老姜分别洗净；鸭去皮剁成两半。

2. 锅内加水烧滚，投入鸭，汆水至熟，捞起

3. 上述材料与料酒一同放入沙锅内，加适量水，大火煮沸后，小火煲至鸭肉熟烂，加盐适量即可。

【营养功效】利水消肿、纤体瘦身。

煲汤时，生姜不要去皮。

首乌枸杞鸡汤

主料：鸡胸肉100克。

辅料：首乌10克，枸杞子10克，黑豆60克，盐适量。

制作方法

1. 首乌、枸杞子、黑豆分别洗净。

2. 鸡胸肉洗净，切成丁。

3. 沙锅内加适量水，大火煮沸后，放入上述材料，小火煲至鸡胸肉熟烂，加盐调味即可

【营养功效】减肥消脂、滋阴养颜。

小贴士

鸡肉与芹菜同食会伤人元气，因此饮用本汤时，不宜食用芹菜。

主料：老鸭400克。

辅料：冬虫夏草10克，熟地黄40克，红枣、盐、味精各适量。

制作方法

. 将冬虫夏草、熟地黄、红枣洗净，老鸭宰杀后去毛、内脏、头颈及脚，洗净后沥干水。

. 然后把冬虫夏草、熟地黄、红枣放入鸭腹腔内，置于炖盅里，加开水适量。

. 炖盅加盖，小火隔水炖3小时，加盐、味精调味即成。

【营养功效】滋肾补肺，润燥止咳。

小贴士

喝此汤时忌同时吃萝卜、葱白、薤白。

参芪乌鸡汤

主料：乌鸡800克，瘦肉250克。

辅料：黄芪、党参各50克，红枣、盐、味精各适量。

制作方法

乌鸡去内脏及尾部，洗净斩件；瘦肉洗净，切厚块。

将乌鸡、瘦肉一起放入沸水中，大火煮5分钟，取出过冷水备用。

红枣（去核）、黄芪、党参洗净，与瘦肉、鸡块一起放入沙锅里，加清水适量，用大火煮沸后，改用小火炖2～3小时，加盐、味精调味即可。

【营养功效】此汤适用于冬季脾胃血虚而致体虚贫血、体倦乏力、形瘦气短、食欲不振等症。

小贴士

感冒者忌食此汤。

高丽参田七鸡汤

主料：鸡800克。

辅料：高丽参10克，田七15克，盐适量。

制作方法

1. 高丽参、田七隔水蒸软，切成片。
2. 将鸡去内脏、洗净、沥干水分，斩块。
3. 上述材料一同放入沙煲内，加清水盖过材料，煲2小时，加盐调味即可。

【营养功效】美容祛斑、活血散淤。

小贴士

鸡肉中的各种养分不易溶于水中，加盐会使蛋白质凝固，因此煲汤时不要先放盐，应在鸡汤煮好之后再放盐。

阿胶鹿茸鸡汤

主料：鸡项300克。

辅料：阿胶10克，山药10克，桂圆5克，鹿茸3克，盐适量。

制作方法

1. 山药、桂圆分别洗净，阿胶敲碎；鸡项杀好洗净、去皮、切成中块，沥干水分。
2. 上述材料和鹿茸一同放入炖盅，倒进适量沸水，盖上盅盖，隔水慢炖，待锅内水沸后，先用大火炖1小时，再用小火炖1.5小时。
3. 拣去山药不要，然后加盐调味即可。

【营养功效】养颜生血，红润脸色。

小贴士

鸡项是指未下蛋的雌鸡。

党参黄芪鹌鹑汤

主料：鹌鹑 900 克。

辅料：党参 25 克，黄芪 20 克，姜、盐各适量。

制作方法

. 将鹌鹑去除内脏、洗净、备用；姜切片。

. 洗好炖盅，鹌鹑连同党参、黄芪、姜片一己放入炖盅内，加适量清水。

. 炖煮约 2 小时，用盐调味便可饮用。

【营养功效】鹌鹑肉不但味道鲜美、营养丰富，而且既可作高级佳肴，又具有滋补强身、治疗多种疾病的功效。

小贴士

鹌鹑肉作为一种高蛋白、低脂肪、低胆固醇的食物，特别适合中老年人以及高血压、肥胖症患者食用。

枸杞黄芪乳鸽汤

主料：乳鸽 300 克，猪瘦肉 150 克。

辅料：枸杞子 15 克，黄芪 15 克，姜、盐各适量。

制作方法

枸杞子、黄芪洗净；乳鸽切去脚；猪瘦肉切成丁。

瘦肉同乳鸽一起放入滚水中煮 5 分钟，捞起洗净。

适量水放入煲内煲滚，放入黄芪、枸杞子、姜、瘦肉、乳鸽煲滚，小火再煲 3 小时，放盐调味即可。

【营养功效】补虚益气，消疲解乏。

小贴士

为了不使鸽肉中的蛋白质受冷骤凝而不易渗出，煲煮此汤的过程中请勿加冷水。

玉竹章鱼鹌鹑汤

主料：鹌鹑900克，猪瘦肉250克，章鱼100克。

辅料：玉竹25克，姜、盐适量。

制作方法

1. 将鹌鹑除去内脏，切去脚洗净；猪瘦肉切成丁；玉竹洗净；章鱼用清水浸半小时，洗净切成块。

2. 鹌鹑、猪瘦肉、章鱼放入滚水中煮5分钟取起洗净，沥干水。

3. 在煲内放入适量水，放入鹌鹑、猪瘦肉、玉竹、章鱼、姜，小火煲3小时，放盐调味

【营养功效】养气补血，健脾开胃。

小贴士

一般人均可食用，是老幼病弱者、肥胖者的上佳补品。

白鸽醒脑汤

主料：白鸽300克，鸽蛋适量。

辅料：桂圆肉50克，枸杞子30克，笋片、火腿、盐各适量。

制作方法

1. 把白鸽去毛、去内脏，洗净；枸杞子、笋片火腿洗净待用。

2. 将鸽蛋、桂圆肉、枸杞子放入鸽腹内，适量盐，用小火炖1小时。

3. 加入笋片、火腿，小火炖熟即可。

【营养功效】健脑益智。

小贴士

食积胃热者、性欲旺盛者及孕妇宜食此汤。

主料：老鸡 800 克，鹌鹑蛋适量。

辅料：天冬 20 克，党参 15 克，姜片、食用油、盐、料酒各适量。

制作方法

. 将老鸡去除内脏洗净，分别将鸡头和鸡脚塞进胸膛和腹腔内；鹌鹑蛋煮熟后剥去壳。

. 鸡腹向上，放在大汤碗内，添上切薄的党参和天冬，再加水至淹没鸡身。

. 放进蒸笼内用小火蒸 2 小时；往碗内放入鹌鹑蛋，加适量盐、姜片、食用油、料酒，再蒸约 5 分钟便可。

【**营养功效**】行气活血、补虚强身。

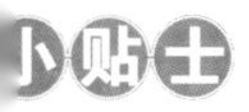

此汤不宜久煲，煲至老鸡软熟即可。

主料：乳鸽 1 只，瘦肉 50 克，鲜地虫 10 克，桂圆肉 15 克，红枣 10 克，姜 10 克，葱 10 克。

辅料：盐 6 克，味精 3 克。

制作方法

. 将乳鸽砍成块、瘦肉切成块、姜去皮拍破、葱切段。

. 锅内烧水，待水开后，投入乳鸽、瘦肉，用中火汆水，去净血渍，倒出洗净。

. 另取瓦煲一个，加入乳鸽、瘦肉、鲜地虫、桂圆肉、红枣、姜、葱，注入适量清水，用小火煲约 2 小时后，调入盐、味精，即可食用。

【**营养功效**】益心脾、补气血。

小贴士

乳鸽还是珍贵的中药材，素有“肉人参”之美称。

枸杞鹿茸乌鸡汤

主料：乌鸡800克。

辅料：枸杞子25克，鹿茸片25克，生姜、盐各适量。

制作方法

1. 乌鸡去毛、内脏、肥膏，清洗干净备用；枸杞子、鹿茸片和生姜分别洗干净；生姜去皮切3片，备用。

2. 将以上材料一同放入炖盅内，加入适量开水，盖上炖盅盖，放入锅内。

3. 隔水炖4小时，加入适量盐调味即可。

【**营养功效**】补益血气、补肾养肝、增进食欲、强健筋骨。

小贴士

此汤中生姜用量虽少，但霉烂的生姜绝不可食用，因其含有毒性很强的黄樟素，对人体有害。

西洋参水鸭汤

主料：水鸭900克。

辅料：西洋参5克，生姜3克，盐适量。

制作方法

1. 西洋参洗净、切片；水鸭去毛、剖开，洗净切块。

2. 锅内放水，投入水鸭烧滚，捞起。

3. 上述材料一同放入炖盅，加生姜，加水250毫升，隔水炖2小时；加盐调味即可。

【**营养功效**】滋阴补气、补血利水、清热养胃。

小贴士

因鸭皮含脂肪较多，在煲汤前去掉鸭皮，可以防止汤品含油过多致使口感发腻。

主料：老鸭 800 克。

辅料：首乌 20 克，天麻 10 克，姜、葱、盐、料酒各适量。

制作方法

1. 首乌切片，与天麻一起放入药袋；老鸭洗净，切块。
2. 上述材料一同放入沙锅内，加入料酒、姜片、葱，加水适量，大火煮沸，再用小火煮至鸭肉熟烂。
3. 取出药袋，加葱、姜、盐、料酒调味，煮沸即可。

【营养功效】滋阴养血、安神益智、祛风止痛。

小贴士

煮时最好加入姜片，否则腥味较重。

主料：燕窝 100 克，鸭心 50 克。

辅料：枸杞子 20 克，食用油、盐适量。

制作方法

1. 将燕窝用清水浸泡洗净；枸杞子洗净、备用。
2. 鸭心洗净后用油锅稍为爆过。
3. 瓦煲内放 1800 毫升水，燕窝、鸭心、枸杞一起放入，先用大火煮滚，再改用小火煮 小时，煮至约 600 毫升，加盐调味便可。

【营养功效】益气补中、养阴补肺、强身健体。

小贴士

燕窝一直被视为滋补养颜的美食，有不寒不燥的特性，四季都可以吃，烹调方法最好是炖汤。

鹿茸鸡汤

主料：嫩鸡翅膀肉500克。

辅料：鹿茸5克，盐适量。

制作方法

1. 将嫩鸡翅膀肉洗净，切成片。
2. 将鸡片放入锅中，用3000毫升水以小火煮，水滚去除泡沫，煎至一半分量便成清汤。
3. 鹿茸用750毫升水煎至分量减半，然后倒进鸡汤内再煮片刻，最后用盐调味即可饮用。

【**营养功效**】强身益智。

小贴士

高血压、动脉硬化、胆囊炎、胆石症者则不宜食用此汤。

首乌乌鸡汤

主料：乌鸡肉800克。

辅料：首乌20克，姜片、葱花、盐各适量。

制作方法

1. 首乌拣去杂质，洗净；乌鸡肉洗净，切块。
2. 将首乌、乌鸡、姜片一同放入沙煲内，加水适量，小火炖至鸡肉熟烂。
3. 加盐、葱花调味即可。

【**营养功效**】补血益气、滋肝益阴、强筋健骨。

小贴士

此汤对体虚血亏、肝肾不足、脾胃不健者效果更佳。

黄芪桂圆老鸡汤

主料：老母鸡 800 克。

辅料：黄芪 25 克，桂圆肉 25 克，陈皮、红枣、盐各适量。

制作方法

. 先将老母鸡去毛、去内脏剖洗干净。

. 将黄芪、桂圆肉洗干净；红枣洗干净，去核，陈皮用清水浸透，洗干净。

. 将以上材料一齐放入沸水中，继续用中火煲 3 小时左右，以适量盐调味即可。

【营养功效】安心神、益智力、大补血气、强壮身体。

小贴士

脾胃虚寒者忌食此汤。

主料：乌鸡 500 克。

辅料：玄参 9 克，生地 15 克，姜片、盐各适量。

制作方法

. 玄参、生地分别洗净；乌鸡去内脏，洗净。

. 将玄参、姜片、生地置于鸡腹内并缝合。

. 将乌鸡放入煲内，加水适量，小火煲至鸡熟，加盐调味即可。

【营养功效】滋阴补血，清热降火。

小贴士

脾胃虚寒、食少便溏者不宜服用此汤。

沙参玉竹老鸭汤

主料：老鸭900克。

辅料：玉竹50克，沙参50克，盐适量。

制作方法

1. 沙参、玉竹分别洗净；将鸭宰杀后，去毛和内脏，洗净。
2. 上述材料一同放入沙煲，加适量水。
3. 先用大火煮沸，再用小火焖煮1小时，待鸭肉熟烂，加盐调味即可。

【营养功效】滋阴润燥、补血养颜。

小贴士

老鸭汤浓厚鲜美，久煮而不咸涩。鸭皮香糯爽口、鸭肉细嫩爽滑。

莲子巴戟煲牛蛙

主料：南瓜250克，牛蛙500克。

辅料：新鲜莲子20粒，巴戟天25克，生姜2片，盐适量。

制作方法

1. 将牛蛙剖洗干净，去皮、头、内脏，斩件备用。
2. 南瓜去皮、瓤、仁切块；新鲜莲子去硬皮去心；以上材料连同巴戟天、生姜分别洗干净。
3. 瓦煲内加入适量清水，先用大火煲至水滚然后放入新鲜莲子、巴戟天、牛蛙和生姜片，改用中火煲2小时，放入南瓜，滚至南瓜熟加入适量盐调味即可。

【营养功效】健脑益智、益气生津、健脾补肾。

小贴士

喝完本汤后，不宜马上进食羊肉。

干贝鸡肫西洋菜汤

主料：干贝30克，腊鸭肫30克，鸡鲜肫200克，西洋菜600克，蜜枣适量。

辅料：食用油、淀粉、盐适量。

【营养功效】干贝富含蛋白质、碳水化合物、维生素B_2和钙、磷、铁等多种营养成分。

小贴士

过量食用干贝会影响肠胃的运动消化功能，导致食物积滞，难以消化吸收。

制作方法

1. 干贝洗净，浸泡1小时；西洋菜洗净。
2. 鲜鸡肫用食用油、淀粉反复搓洗，以去除异味，洗净、汆水；腊鸭肫洗净，浸泡1小时。
3. 将清水2000毫升放入瓦煲内，煮沸后加入以上用料和蜜枣，大火煲滚后，改用小火煲3小时，加盐调味即可。

参麦黑枣乌鸡汤

主料：乌鸡900克。

辅料：西洋参10克，麦冬20克，黑枣、生姜片、盐各适量。

制作方法

1. 西洋参洗净，捣碎或切片；麦冬洗净；黑枣去核，洗净。
2. 乌鸡去毛、头、内脏、脂肪，洗净，斩大件汆水。
3. 将乌鸡、西洋参、麦冬、黑枣、生姜片置炖盅内，注入沸水适量，加盖隔水炖3小时加盐调味即成。

【**营养功效**】益智安神、益气养血。

小贴士

凡脾胃虚寒泄泻、胃有痰饮湿蚀及外感风寒咳嗽者均忌服鸡汤。

豆蔻草果炖乌鸡

主料：乌鸡800克。

辅料：白豆蔻30克，草果15克，姜块、盐各适量。

制作方法

1. 将乌鸡剖净，去内脏，滴干水；把白豆蔻草果洗净，略打碎，放入鸡肚内，用线缝合。
2. 将乌鸡放入炖盅内，加适量开水和姜块，加炖盅盖，入锅炖。
3. 小火隔开水炖3小时，用盐调味供用。

【**营养功效**】行气化湿、温中散寒。

小贴士

阴虚内热、胃火偏盛、大便燥结者忌食此汤。

主料：母鸡1只（约750克）。

辅料：老桑枝60克，丹参15克，川芎10克，盐适量。

制作方法

1. 将鸡去毛及内脏，洗净。
2. 老桑枝、丹参、川芎分别用清水洗净。
3. 将以上用料放入沙锅中，加水适量，小火炖至鸡肉熟烂为止，加盐调味即成。

【营养功效】祛风除湿、通经活络。

小贴士

丹参过敏者不宜服用此汤。

主料：鸽子1只，冬笋、鲜蘑各25克，火腿肉20克，鸡汤1000毫升。

辅料：生姜5克，盐3克，料酒10毫升，大葱9克，味精、糖各适量。

制作方法

1. 将鸽子宰杀去肠杂，洗净，剁成四大块；生姜拍松，鲜蘑、冬笋切成片，用沸水汆透捞出；鸽子也汆过捞起。
2. 沙锅加入鸡汤后用大火煮沸，放入鸽肉块、葱、生姜、料酒、盐、糖、味精，再用大火煮沸，盖上沙锅盖改用小火炖至七八成熟。
3. 把冬笋、鲜蘑、火腿肉放入沙锅内，继续炖至鸽子肉酥烂，拣去葱、生姜，撇去浮油即成。

【营养功效】补益气血、强壮身体。

小贴士

用火腿煮汤可以加少量米酒，能让火腿更鲜香，且能降低咸度。

椰盅鸡球汤

主料：椰子1个，鸡脯肉200克，莲子50克，白果仁10克，藕粉25克。

辅料：鲜牛奶、盐、姜片、料酒、鸡汤各适量。

制作方法

1. 将鸡脯肉去筋络，洗净剁成肉糜，加入藕粉盐搅匀，挤成小丸子。

2. 莲子、白果仁洗净，下油锅炒至半熟；汤加盐、姜片、料酒煮一下待用。

3. 将椰子顶部剖开，挖去瓤，将鸡球、莲子白果仁、鸡汤、牛奶放入，盖上顶盖，放入锅中在火上隔水炖至鸡球熟透即可。

【营养功效】补益脾胃、养心安神。

小贴士

鸡肉性温，多食容易生热动风，此不宜过食。

八珍蛇羹

主料：净蛇肉75克，水发黑木耳、水发香菇、青椒各15克，熟鸡肉、冬笋、水发海参各25克。

辅料：陈皮丝、细姜丝、料酒、酱油、盐、味精、胡椒粉、香油、淀粉各适量。

制作方法

1. 将黑木耳、香菇浸透后切成细丝，将青椒熟鸡肉、冬笋、海参也切成丝。

2. 将蛇肉洗净放入沸水中煮，加料酒，沸转小火煮45分钟，至蛇肉酥熟，取出，手扯成细丝。

3. 在煮蛇肉鲜汤中，放入6种细丝和蛇肉以及陈皮丝、细姜丝，加料酒、酱油、盐、味精、胡椒粉，煮沸后加水淀粉勾芡，淋香油装汤碗。

【营养功效】活血祛淤、滋养肌肤。

小贴士

生饮蛇血、生吞蛇胆可引起急性胃炎和寄生虫病。

豌豆苗鸡丝汤

主料：鸡胸肉 150 克，豌豆苗 100 克，胡萝卜 30 克。

辅料：鸡清汤 500 毫升，味精、盐适量。

制作方法

1. 将鸡胸肉切成丝；豌豆苗洗净；胡萝卜洗净切丝。
2. 将鸡清汤放入锅内，烧开，加入鸡丝、胡萝卜丝，煮约 1 分钟。
3. 放盐、味精，然后加入豌豆苗，烧滚即可。

【营养功效】温中益气，滋润肌肤。

小贴士

豌豆苗尤其适用于热性体质的人食用。

花生凤爪汤

主料：花生米 100 克，鸡爪 150 克。

辅料：白姜片、盐、食用油、胡椒粉、料酒各适量。

制作方法

1. 将花生米用温水泡软，洗净沥干水分；新鲜鸡爪用沸水烫透，脱去黄皮，斩去爪尖，洗净备用。
2. 炒锅上火烧热，加适量底油，放入鸡爪煸炒片刻，再下姜片，注入适量清水，然后放盐、料酒。
3. 用大火煮开 10 分钟，放入花生米，再煮 20 分钟，改用中火，撇去浮沫，待鸡爪、花生米熟透时，撒上胡椒粉，起锅即可。

【营养功效】健脾和胃，利气补益。

小贴士

跌打损伤、血脉淤滞者食用花生会加重肿痛症状。

主料：鸡肉450克，猪瘦肉150克，天麻10克，枸杞子5克，山药10克，沙参10克，玉竹10克。

辅料：生姜、葱、盐、鸡精各适量。

制作方法

1. 猪瘦肉洗净，斩件；鸡肉洗净，去头、脚；天麻、山药、沙参、玉竹洗净，切片。

2. 锅内放适量清水煮沸，放入鸡、猪瘦肉汆去血渍，倒出，用温水洗净。

3. 把鸡肉、猪瘦肉、天麻、枸杞子、山药、沙参、玉竹、姜、葱装入炖盅内，加适量清水炖2小时，调入盐、鸡精即可食用。

【营养功效】此汤补血、祛湿、行气、活血。用于病后虚弱、产后血虚头昏、眩晕反复发作

小贴士

胃酸过多、胆道疾病、肾功能不全、高血脂患者、高血压患者、糖尿病患者等六种人不宜喝鸡汤。

主料：烤鸭500克，东北酸菜100克，粉丝50克。

辅料：葱段、姜片、盐、花椒、大料、辣椒油、腐乳、姜醋汁各适量。

制作方法

1. 将烤鸭切条；酸菜洗净切丝；粉丝剪断，用温水泡至回软备用。

2. 将上述主料分层次装入锅中，加盐、花椒、大料、葱段、姜片、添汤盖严，煮约10分钟

3. 将汤调好味，上桌时，配辣椒油、腐乳、姜醋汁食用即可。

【营养功效】补血行水，养胃生津。

小贴士

鸭肉尤其适宜营养不良、产后病后体虚、盗汗、妇女月经少、咽干口渴者食用。

金针菇鸡丝汤

主料： 金针菇 100 克，豌豆苗 15 克，熟鸡丝 50 克。

辅料： 鸡清汤 750 毫升，熟鸡油 25 毫升，味精、料酒、盐、姜汁各适量。

制作方法

1. 将金针菇切去根部洗净；豌豆苗洗净；鸡肉切丝。

2. 将汤锅置大火上，倒入鸡清汤，下熟鸡丝、金针菇，煮沸。

3. 放料酒、盐、味精、豌豆苗、姜汁，撇去浮沫，出锅，盛入大汤碗内，淋入熟鸡油即成。

【营养功效】清热解毒，补肝益肠。

小贴士

金针菇以未开伞、菌柄 15 厘米左右、均匀整齐、无褐根、基部少连者为佳品。

木耳菠菜鸡蛋汤

主料： 鸡蛋 1 个，黄花菜、木耳各 30 克，菠菜 150 克。

辅料： 香油 15 毫升，高汤、酱油、姜片、盐、味精各适量。

制作方法

1. 将鸡蛋打在碗内搅匀；木耳泡发后撕成片；黄花菜泡透洗净；菠菜洗净切开。

2. 将高汤入锅，放入木耳、黄花菜、菠菜、姜片，大火煮沸。

3. 加盐、酱油、味精，倒入搅匀的鸡蛋，再淋上香油即成。

【营养功效】解毒清热，补脾和胃。

小贴士

黄花菜以洁净、鲜嫩、不干、尚未开放、无杂物者为优。

苦瓜黄豆牛蛙汤

主料： 苦瓜、牛蛙各500克，黄豆100克。

辅料： 生姜1片，生抽、料酒、糖、食用油、盐、淀粉各适量。

制作方法

1. 将牛蛙剖洗干净，去头、爪尖、皮、内脏斩件，加入生抽、料酒、盐、淀粉，使腌入味备用；苦瓜切开边，去核，用清水洗干净，切厚件；黄豆用清水浸透洗干净，备用。
2. 瓦煲内加入适量清水、油、料酒、糖，先用大火煲至水滚，然后放入苦瓜、牛蛙、黄豆生姜，待水煮沸，改用中火继续煲至黄豆软烂
3. 以适量盐调味，即可以佐膳饮用。

【营养功效】补脾益胃、润泽肌肤。

小贴士

牛蛙肉中易有寄生虫卵，要加热至熟透再食用。

菊花鸡肉汤

主料： 菊花60克，乌鸡1只。

辅料： 葱、姜、盐、料酒、胡椒粉各适量。

制作方法

1. 菊花洗净，装入药袋；乌鸡杀好，洗净，切块。
2. 上述材料与姜、料酒一同放入沙煲内，加水适量，大火煮沸后，小火煲至鸡肉熟烂。
3. 取出药袋，加葱、盐、胡椒粉调味，即可喝汤吃肉。

【营养功效】减肥降脂、平肝清热。

小贴士

菊花性凉，气虚胃寒、食少泄泻者慎服。

主料：水发银耳15克，枸杞子5克，鸡肝100克，茉莉花10克。

辅料：料酒、姜汁、盐、味精、淀粉、清汤各适量。

制作方法

1. 将鸡肝洗净切成薄片，放入碗内，加淀粉、料酒、姜汁、盐拌匀待用。

2. 银耳泡发，去蒂洗净，撕成小块；茉莉花去蒂，洗净，放入盘内；枸杞子洗净待用。

3. 将汤锅置火上，加入清汤、料酒、姜汁、盐、味精，随后下入银耳、鸡肝、枸杞子煮沸，撇去浮沫，待鸡肝刚熟，装入碗内，将茉莉花撒入碗内即成。

【营养功效】补肝益肾、明目美颜。

小贴士

高胆固醇血症、肝病、高血压和冠心病患者应少食此汤。

主料：节瓜200克，章鱼50克，土鸡300克。

辅料：枸杞子5克，姜10克，葱10克，盐8克，味精3克。

制作方法

1. 将土鸡砍成块；章鱼用温水泡洗干净；节瓜去皮切块；姜去皮拍破；葱捆成把。

2. 锅内烧水，待水开后，投入土鸡，用中火煮水，去净血渍，倒出洗净。

3. 另取瓦煲一个，加入章鱼、土鸡、节瓜、枸杞子、姜、葱，注入适量清水，用小火煲约2小时，然后调入盐、味精，即可食用。

【营养功效】此汤适宜体质虚弱、气血不足、营养不良之人食用。

小贴士

章鱼肉嫩无骨刺，凉性大，所以吃时要加姜。

栗子杏仁鸡汤

主料： 栗子肉150克，苦杏仁20克，红枣40克，核桃肉80克，鸡1只。

辅料： 姜、盐各适量。

制作方法

1. 将苦杏仁、栗子肉、核桃肉放入滚水中煮5分钟，捞起洗净；红枣去核，洗净；鸡去脚洗净，沥干水分。

2. 在沙煲内加适量水，放入鸡、红枣、苦杏仁姜煲滚，再用小火煲2小时。

3. 加入核桃肉、栗子肉再煲1小时，加盐调味即可喝汤吃肉。

【营养功效】 健肾益精、强壮筋骨。

小贴士

糖尿病人忌食此汤。

莲子山药鹌鹑汤

主料： 莲子50克，山药50克，鹌鹑400克，猪瘦肉150克。

辅料： 蜜枣3克，盐5克，姜适量。

制作方法

1. 莲子去心，洗净，浸泡1小时；山药洗净浸泡1小时；蜜枣洗净；姜切片。

2. 鹌鹑去毛、内脏，洗净，汆水；猪瘦肉洗净汆水。

3. 将清水2000毫升放入瓦煲内，煮沸后加入以上用料，以大火煲滚后，改用小火煲3小时，加盐调味即可。

【营养功效】 鹌鹑有较高的营养价值，所含蛋白质、维生素B_1、维生素B_2、卵磷脂铁等均高于鸡蛋，并含芦丁。

小贴士

选购莲子时，注意变黄发霉的莲子不要食用。此汤不可与碱性药物、海蟹同食。

冬瓜鸡丝羹

主料： 冬瓜 300 克，鸡丝 200 克，鸡蛋 1 个。

辅料： 火腿、蟹柳、淀粉、姜、盐、味精、香油各适量。

制作方法

将冬瓜去皮切成块，加清水没过冬瓜块
软熟，放凉，用搅拌机搅成蓉待用。

火腿切成碎粒，蟹柳切成小片；鸡蛋搅匀；
粉加适量水搅匀待用；冬瓜蓉放入锅中，
加适量的清水烧开。

烧开后放入鸡丝、姜、蟹柳片，水开后
入水淀粉搅匀，跟着放火腿、盐、味精，
匀后，转小火放鸡蛋液，顺方向匀，关火，
入香油即可。

营养功效】 火腿内含丰富的蛋白质和适
的脂肪，10 多种氨基酸、多种维生素
矿物质。

贴士

品质好的火腿气味清香无异味，如
炒芝麻的香味，是肉层开始轻度酸败
迹象。如有酸味，表明肉质已重度酸败。

参枣老鸽汤

主料： 党参 20 克，老鸽 1 只，枸杞子 15 克，红枣 10 克，猪瘦肉 200 克。

辅料： 盐、味精、姜片、葱段各适量。

制作方法

将老鸽剖好、去除内脏、洗净；其他用料
洗净；猪瘦肉切成大块。

锅内放水煮沸，将老鸽、猪瘦肉放入汆水，
起。

将猪瘦肉、老鸽肉放入锅中，加入水、党参、
杞子、红枣、姜、葱，一起同煮至熟，加盐、
精调味即可。

营养功效】 滋肾益气、祛风解毒、滋补肝肾、
精明目。

贴士

鸽子清蒸或煲汤最好，这样能使营
成分的损失降至最低。

莲子冬瓜老鸭汤

主料： 老鸭500克，莲子100克，冬瓜500克，陈皮30克，荷叶1张。

辅料： 盐、味精各适量。

制作方法

1. 将冬瓜去核后洗净，切大块；浸陈皮，待用；洗净莲子、荷叶，待用；洗净老鸭，斩成件。

2. 锅内放清水烧滚，放入鸭块，汆过捞起。

3. 将以上材料放入汤煲内，加入适量清水，小火煲2个小时，加适量盐、味精调味即成

【营养功效】清热解暑、利尿祛湿、健脾开胃滋养润颜。

小贴士

冬瓜是一种解热利尿比较理想的常食物，连皮一起煮汤，效果更明显。

麦芽山楂煲鸡肫

主料： 麦芽50克，山楂肉25克，新鲜鸡肫2个。

辅料： 盐、陈皮各适量。

制作方法

1. 取新鲜鸡肫2个，剖开，除去鸡肫内脏物，用清水洗干净，切片备用。

2. 山楂肉、麦芽、陈皮分别用清水漂洗干净

3. 以上主料一同放入瓦煲内，加入适当的水，先用大火煲至水滚，然后改用中火煲小时左右。加入适量盐调味，即可以饮用。

【营养功效】山楂有帮助消化的作用，拌上同样清爽的白菜心，特别适合食积化、脂肪堆积者食用。

小贴士

应选用新鲜的山楂肉。

柠檬乳鸽汤

主料：乳鸽 1 只，排骨 300 克，柠檬半个，姜 3 片。

辅料：盐、白酒各适量。

制作方法

. 洗净宰好的乳鸽，斩大件；洗净排骨，斩块，
口乳鸽一起汆水，捞起。

. 用盐和适量水揉搓柠檬表皮，然后冲净，
又半个切片，去核。煮沸清水，放入除柠檬
卜所有材料，大火煮 20 分钟，转小火煲 90
分钟。

. 放入柠檬片，煲 10 分钟，下盐调味即可
食用。

【营养功效】补虚益精、滋肾益阴、清热生津、
开胃消食。

小贴士

乳鸽是指出壳到离巢出售或留种前
月龄内的雏鸽。

瘦肉鸡汤

主料：鸡 1 只，猪瘦肉 250 克。

辅料：姜、葱、盐各适量。

制作方法

. 将鸡杀好洗净，切成两边；瘦肉切成丁。

. 鸡连瘦肉一起放进煲内，加入姜片、葱段，
日适量清水，以大火煮沸，水滚时去除泡沫。

. 煮约 2 小时，加适量盐调味即可。

营养功效】此汤对营养不良、畏寒怕冷、
乏力疲劳、月经不调、贫血、虚弱等有很好
的食疗作用。

小贴士

鸡肉煮熟之后放冰箱能保存较长
一间。

西洋参鸭心汤

主料：西洋参100克，鸭心400克。

辅料：食用油、盐各适量。

制作方法

1. 将西洋参用清水浸泡洗净。

2. 鸭心洗净后下油锅稍为爆过。

3. 将主料用盐调好味放入炖盅上笼蒸90分钟左右即成。

【营养功效】西洋参味甘、微苦，性凉，归心、肺、肾经，具有益肺阴、清虚火、生津止渴之作用。

小贴士

西洋参原产于美国和加拿大。传入中国后，为与中国本土或朝鲜出产的人参及日本出产的东洋参相区别，乃命名为西洋参或洋参。

三七鸡汤

主料：三七15克，陈皮10克，鸡500克。

辅料：生姜、红枣、料酒、盐各适量。

制作方法

1. 将三七洗净，打碎成小粒状；鸡肉洗净切块。
2. 陈皮浸软刮白，洗净；生姜、红枣去核洗净。
3. 把陈皮与适量水先煮滚，放入三七、鸡、生姜、红枣，大火煮滚，改小火煲2小时，熄火用盐调味，放入料酒搅匀即可。

【营养功效】三七的化学成分与人参相似，主要含有皂苷类及黄酮类。从三七绒根总皂苷中分离的多种皂苷元，主要是人参二醇和人参三醇类皂苷，总皂苷含量高达12%。

小贴士

民间用三七同鸡炖食，常以三七活血生血；与补益气血的鸡配用，主要取其补益气血。

畜 类

主料：苦瓜 500 克，牛肉 300 克。

辅料：木棉花、盐各适量。

制作方法

1. 将苦瓜开边去瓜瓤、洗干净，切成片状，备用；木棉花、牛肉分别洗干净；牛肉切片，备用。

2. 锅内加水煮沸，投入苦瓜片、牛肉片，汆水捞起。

3. 瓦煲内放入适量清水，先用大火煲至水滚再放入苦瓜、木棉花，改用中火煲 45 分钟；加入牛肉和适量盐稍滚，牛肉熟透即可。

【营养功效】清热消暑、利尿去湿、明目解毒

小贴士

此汤脾胃虚寒的人不宜饮用。

主料：猪瘦肉 250 克，金荞麦 100 克，冬瓜子 200 克，甜桔梗 150 克。

辅料：生姜、红枣、盐各适量。

制作方法

1. 将猪瘦肉、金荞麦、冬瓜子、甜桔梗、生姜红枣洗净。

2. 全部用料放入炖盅内，加滚水适量。

3. 盖好，隔水小火炖 2 小时，加盐调味即可

【营养功效】清热解毒，排脓消肿。

小贴士

猪肉忌与牛肉、驴肉（易致腹泻）羊肝同食，饮用此汤时不宜进食上述食物。

苍术冬瓜排骨汤

主料： 冬瓜 500 克，排骨 400 克。

辅料： 苍术 25 克，泽泻 25 克，陈皮、盐各适量。

制作方法

. 苍术、泽泻、陈皮分别洗干净。

. 冬瓜保留冬瓜皮、瓤、仁，切成大块；排骨斩成件。

. 瓦煲内加入适量清水，先用大火煲至水滚，然后放入以上全部材料，改用中火煲 2 小时，加入适量盐调味即可。

【营养功效】健脾去湿、增食欲、消暑、清热解毒。

小贴士

冬瓜性寒凉，脾胃虚弱、肾脏虚寒、久病滑泄、阳虚肢冷者忌食。

薏米马蹄猪肉汤

主料： 薏米 25 克，马蹄 150 克，瘦肉 80 克。

辅料： 红枣、盐、味精各适量。

制作方法

. 将马蹄去皮，洗净，对半切开；瘦肉切片；红枣去核；薏米淘洗净。

. 将以上各材料齐放入煲内，加水，煲 2 小时。

. 加盐、味精调味即成。

【营养功效】清热解毒、开胃、健脾、祛湿。

小贴士

此汤不适宜消化力弱、脾胃虚寒、血淤者。

绿豆薏米猪大肠汤

主料：绿豆100克，薏米50克，地榆50克，猪大肠300克。

辅料：蜜枣、盐各适量。

制作方法

1. 猪大肠去掉脂肪黏膜，用盐腌透、搓擦，洗干净，切成段，备用。

2. 绿豆、薏米、地榆和蜜枣分别洗干净，备用

3. 瓦煲内加入适量清水，先用大火煲至水滚再放入以上全部材料，改用中火煲至绿豆酉烂，加入适量盐调味即可。

【营养功效】清热解毒、利尿祛湿、凉血止血

小贴士

绿豆有解毒作用，如遇有机磷农药中毒、铅中毒、酒精中毒（醉酒）等情况时，在去医院抢救前都可以先灌下一碗绿豆汤进行紧急处理。

芡实猪肉汤

主料：节瓜500克，猪瘦肉200克，芡实100克。

辅料：豆腐、蒜头、盐各适量。

制作方法

1. 猪瘦肉切成厚片；蒜头去衣，取蒜子，用刀背轻轻拍烂，备用；节瓜刮去表皮、茸毛，洗干净，切成块状，备用。

2. 将芡实和蒜子放入瓦煲内，加入适量清水先用大火煲至水滚，再改用中火煲2小时。

3. 再放入节瓜、豆腐和猪瘦肉，煲1小时，加入适量盐调味即可。

【营养功效】清热解毒、健脾止泻。

小贴士

老节瓜和嫩节瓜均可炒、煮或做汤，以嫩瓜为佳。

主料： 猪肺1个，西洋菜250克。

辅料： 生地50克，陈皮、盐各适量。

制作方法

. 生地、西洋菜、陈皮分别洗干净。

. 将猪肺洗至白色，切成块状，放滚水中煮
分钟。

. 瓦煲加入清水，用大火煲至水滚，再放入
诸肺、西洋菜、生地、陈皮，改用中火继续
煲2小时，加盐调味即可。

营养功效】 清热解毒、凉血止咳。

小贴士

西洋菜味甘、性寒，脾胃虚寒者不宜
用。

主料： 排骨500克，薏米、玉竹、枸杞子各10克，当归6克，鲜山药60克。

辅料： 料酒、盐各适量。

制作方法

将当归、薏米、玉竹、枸杞子分别洗净；
药去皮切片；排骨洗净、斩块。

投排骨入锅内，用滚水烫去血水。

上述材料一同放入沙煲内，加料酒和适量
，小火煲2小时，加盐调味即可。

营养功效】 滋阴补血、美白养颜。

小贴士

当归被称为“妇科专用药”、“女性人参”。

主料：阿胶15克，牛肉100克，生姜10克。

辅料：料酒20毫升，盐适量。

制作方法

1. 牛肉去筋，切片；阿胶用刀背敲碎。
2. 牛肉与生姜、料酒一同放入炖盅，加水适量小火煮30分钟。
3. 加入阿胶及盐，溶解后即可喝汤吃肉。

【营养功效】滋阴养血，温中健脾。

小贴士

女性月经期间忌食该汤。

主料：百合30克，党参15克，百部10克，猪肺250克。

辅料：葱、盐各适量。

制作方法

1. 猪肺洗后切块。
2. 将百合切片，与党参、百部共洗净后封纱布袋中。
3. 将以上用料放入沙锅，加清水适量，小煎煮30分钟，去药袋，加辅料，再煮15钟即成。

【营养功效】润肺止咳、养阴益气。

小贴士

实证、热证者禁食此汤。

主料：莲藕600克，猪瘦肉250克。

辅料：生地60克，红枣、盐各适量。

制作方法

. 生地洗净，待用；红枣去核，洗净；莲藕去节，擦洗干净，切成块。

. 猪瘦肉洗净，沥干水分，切块。

. 上述材料一同放入沙煲内，加清水适量，煮沸后，改用小火煲2.5小时，加盐调味即可饮用。

营养功效】 祛斑润肤，滋阴润燥。

小贴士

食欲不振和痰湿盛者忌用此汤。

主料：夏枯草20克，猪瘦肉50克，胡萝卜100克。

辅料：盐适量。

制作方法

夏枯草洗净，待用；胡萝卜去皮切成块。

猪瘦肉洗净，切片。

上述材料一同放入锅内，加盖，大火煮沸后，小火煲至猪肉熟烂，加盐调味即可。

营养功效】 清肝散结、降脂减肥。

小贴士

猪瘦肉切片时要横丝切，直丝切的肉口感太硬，不利于咀嚼。

葛根赤豆瘦肉汤

主料：鲜葛根300克，赤豆、扁豆各30克，瘦肉180克。

辅料：陈皮、盐各适量。

制作方法

1. 将扁豆、赤豆、陈皮分别洗净；鲜葛根去皮切成块。
2. 将瘦肉洗净，切片，用滚水烫过。
3. 沙煲内加适量水，煮沸后，将上述材料一同放入，小火煲3小时，加盐调味即可。

【营养功效】减肥轻身、利尿化湿、清热解暑

尿多之人忌食此汤。

车前草猪腰汤

主料：猪腰250克，蕹菜500克，车前草10克。

辅料：盐适量。

制作方法

1. 蕹菜洗净，择去老叶；猪腰切片。
2. 车前草洗净，放入锅内，加清水适量，大火煮15分钟，去渣留汁。
3. 将猪腰片、蕹菜放入车前草汁内煮沸，至猪腰熟透，加盐调味即可。

【营养功效】清热解暑，利水除湿，解石毒。

小贴士

煲汤要选购新鲜的猪腰，新鲜猪腰有层膜，有光泽且不变色。

主料：兔肉 250 克，首乌 15 克，熟地 8 克。

辅料：料酒 30 毫升，女贞子 5 克，姜片、盐各适量。

制作方法

. 全部药材洗净，浸透；兔肉洗净，斩成中
，沥干水分。

. 上述材料及料酒一同置于炖盅，加入姜片
 750 毫升沸水，炖盅加盖，隔水慢炖，待
内的水烧开后，用小火续炖 2.5 小时。

. 除去药渣，加盐调味，即可饮用。

营养功效】乌发黑须、抗衰祛斑。

贴士

兔肉性凉，进食本汤的最佳季节是
季，寒冬及初春季节则不宜食用。

主料：猪瘦肉 200 克，猪心 1 只。

辅料：当归 20 克，酸枣仁 20 克，红枣 15 克，盐 5 克。

制作方法

将当归、酸枣仁洗净，浸泡；红枣去核，
净。

猪心切片，清除腔管内的残留淤血，猪瘦
切片，一同洗净，汆水。

将清水适量放入瓦煲内，煮沸后加入以上
料，大火煲滚后，改用小火煲 3 小时，加
调味。

营养功效】安神益智、补血养心。

贴士

酸枣仁不宜久存，否则会泛油变质，
响疗效，所以选择酸枣仁时应选择新
的枣仁。

蛇舌草猪肉陈皮汤

主料：猪瘦肉250克，白花蛇舌草100克，豆腐50克。

辅料：陈皮、盐各适量。

制作方法

1. 白花蛇舌草、陈皮分别洗干净；豆腐漂
干净，切成块；猪瘦肉也切成块。

2. 瓦煲内加入适量清水，先用大火煲至水滚
然后加入白花蛇舌草、陈皮、猪瘦肉，改
中火煲约1小时。

3. 加入豆腐，继续煲约10分钟，加盐调
即可。

【营养功效】清热解毒、利尿去湿、抗肿瘤。

小贴士

气虚体燥、阴虚燥咳者忌食此汤。

胆头瘦肉汤

主料：猪瘦肉150克，地胆头40克。

辅料：盐各适量。

制作方法

1. 将地胆头洗净；猪瘦肉洗净切成细块。

2. 一起放入煲内，用1000毫升清水，煎
成500毫升。

3. 再用盐调味即可。

【营养功效】清热解毒、凉血利尿。

小贴士

孕妇忌食此汤。

主料： 阿胶 20 克，猪瘦肉 250 克。

辅料： 盐适量。

制作方法

. 阿胶用刀背敲成小块；猪瘦肉洗净，切片。

. 上述材料一同放入炖盅内，加凉开水000 毫升，炖 1.5 小时。

. 加盐调味即可。

营养功效】 补血养颜。

煲汤时，宜用小火慢炖，因为火势急，肉便会紧缩，影响肉质。

主料： 西洋参 5 克，燕窝 10 克，猪瘦肉 200 克。

辅料： 盐适量。

制作方法

燕窝洗净，浸软，去杂质，去燕毛；西洋洗净，蒸软，切片。

猪瘦肉洗净，沥干水分，切片。

上述材料一同放入炖盅内，加凉开水00 毫升，隔水炖 2 个小时，加盐调味即可。

营养功效】 润泽肌肤、滋阴清热。

贴士

饮用本汤时，避免吃萝卜和辛辣的物，以免影响西洋参的药效。

虫草山药瘦肉汤

主料：瘦肉 500 克，山药 20 克，冬虫夏草 15 克。

辅料：蜜枣、盐各适量。

制作方法

1. 冬虫夏草、山药分别洗净；蜜枣去核，洗净瘦肉洗净，沥干水分，切块。
2. 上述材料一同放入炖盅内，加清水 150毫升，隔水炖约 2 小时。
3. 取出炖盅，加入盐调味即可。

【营养功效】润泽皮肤、美白祛斑。

小贴士

湿热偏重、痰湿偏盛者忌食此汤。

玉竹核桃羊肉汤

主料：羊肉 600 克，玉竹 50 克，核桃仁 8 克。

辅料：红枣、生姜、盐各适量。

制作方法

1. 玉竹、核桃仁、生姜分别洗净；红枣去洗净；羊肉洗净，沥干水分，切中块。
2. 锅内放清水，投入羊肉，烧滚，约 2 分捞起。
3. 玉竹、核桃仁、红枣、羊肉块、姜片一放入沙煲内，加清水适量，煮沸后，改用火煲 2 个小时，加盐调味即可。

【营养功效】养阴润燥、滋润肌肤、抗祛斑。

小贴士

羊肉性温助火，煲汤时放点不去的生姜，可起到散火除热、止痛祛风的作用。

核桃茯苓瘦肉汤

主料： 猪瘦肉 60 克，核桃仁 50 克，茯苓 50 克，白及 30 克，芡实 20 克，黄豆 30 克。

辅料： 盐适量。

制作方法

1. 核桃仁、茯苓、白及、黄豆及芡实一起洗干净。
2. 猪瘦肉洗净，切成小块。
3. 上述材料一同放入沙锅内，加清水适量，煲至猪瘦肉熟烂，加盐适量即可。

【营养功效】美容养颜、光滑皮肤、润发黑发。

小贴士

本汤不宜与猪血同食，因为黄豆与猪血同食会使人气滞。

党参栗子兔肉汤

主料： 栗子 300 克，党参 30 克，兔肉 500 克。

辅料： 姜片、盐各适量。

制作方法

1. 党参洗净；栗子去壳，去皮，洗净。
2. 兔肉洗净，沥干水分，斩成块。
3. 上述材料一同放入沙煲内，加姜与清水适量，煮至水开，改用小火煲 2 小时，加盐调味即可。

【营养功效】养颜祛斑、润肤瘦身。

小贴士

兔肉纤维素多，结缔组织少。

主料：牛肉300克，百合50克，白果50克。

辅料：红枣、生姜、盐各适量。

制作方法

1. 将白果用水浸去外层薄膜，洗净；红枣去核，洗净；百合、生姜分别洗净；新鲜牛肉用滚水洗净，切成薄片。

2. 锅内加水，放入牛肉片，汆水至熟，捞起

3. 瓦煲内加入适量清水，先用大火煲至水滚放入百合、红枣、白果和生姜片，改用小火煲百合至将熟，加入牛肉，继续煲至牛肉熟加盐调味即可。

【营养功效】补血养颜、滋润肌肤、除疮祛斑

患疮疥湿疹、痘痧、瘙痒者忌食此汤

主料：羊肉500克。

辅料：黄芪25克，党参25克，当归头25克，陈皮2克，红枣、盐各适量。

制作方法

1. 将黄芪、党参、当归头、陈皮洗净；红枣去核，洗净；拣选新鲜的羊肉（也可用急冻），斩件，放入滚水煮5分钟左右，捞起洗干净，沥干。

2. 将以上材料一起放入已煲滚的水中。

3. 继续用中火煲3小时左右，以适量盐调味即可。

【营养功效】补气血，温中壮阳。

小贴士

羊肉忌与西瓜同食，饮用此汤前后请勿食用西瓜，否则会损伤人的元气。

当归天麻羊脑汤

主料：羊脑 600 克，当归 20 克，天麻 30 克，桂圆肉 20 克。

辅料：生姜 6 克，盐 5 克。

制作方法

. 当归、天麻、桂圆肉洗净，浸泡。

. 将羊脑轻轻放入清水中漂洗，去除表面黏
液，撕去表面黏膜，用牙签或镊子挑去血丝
筋膜，洗净。放入沸水中稍烫即捞起。

. 将羊脑、当归、天麻、桂圆肉、生姜置于
炖盅内，注入沸水适量，加盖，隔水炖 3 小时，
加盐调味。

【营养功效】补脑益智、活血祛风。

小贴士

饮用此汤后不宜马上喝茶。

柏子仁首乌瘦肉汤

主料：猪瘦肉 500 克。

辅料：柏子仁 20 克，何首乌、熟地黄各 30 克，蜜枣 8 克，盐 5 克。

制作方法

柏子仁、何首乌、熟地黄洗净，浸泡；蜜
枣洗净；瘦肉切成片。

猪瘦肉汆水，捞起。

清水适量放入瓦煲内，煮沸后加入以上用
料，大火煲滚后，改用小火煲 3 小时，加盐
调味。

【营养功效】益智安神、养血通便。

小贴士

饮用本汤后，不宜马上进食萝卜、
葱、韭菜等食物。

黄芪当归炖猪脑

主料：猪脑600克，黄芪、当归头各25克。

辅料：红枣、生姜、盐各适量。

制作方法

1. 先将猪脑浸于清水中，撕去表面薄膜，用牙签挑去红筋，洗净，放入滚水中稍滚取出，备用。

2. 黄芪和当归头分别切片，洗干净，备用；红枣和生姜分别洗干净。

3. 将以上材料全部一齐放入炖盅内，加入适量凉开水，盖上炖盅盖，放入锅内，隔水炖1小时，以适量盐调味即可。

【营养功效】健脑益智、补气补血。

小贴士

猪脑其营养比猪肉还丰富，但需要注意的是，青壮年不宜进食猪脑，否则容易引起反作用。

山药生地羊肉汤

主料：羊肉750克，当归2克，山药10克，生地10克。

辅料：生姜、料酒、食用油、盐各适量。

制作方法

1. 当归、山药、生地洗净，山药切块；羊肉切小块，先用开水烫过，捞出洗净血水。

2. 姜片用油爆香，与羊肉加适量料酒略为爆炒。

3. 上述材料一同放入沙煲，加姜和适量水，小火炖烧1小时，至羊肉酥软，除去药渣，加盐调味即可。

【营养功效】滋阴补血、温肾补虚。

小贴士

体内积热者慎食。

五味人参猪脑汤

主料：猪脑 300 克，人参、五味子各 6 克，麦冬、枸杞子各 15 克。

辅料：生姜、盐适各量。

制作方法

1. 将猪脑、人参、麦冬、五味子、枸杞子、生姜分别洗净。
2. 将洗净的主料一并放入炖盅内。
3. 加开水适量，炖盅加盖，用小火隔水炖 2 小时，加盐调味供用。

【营养功效】安神健脑、补气益智。

小贴士

失眠者不能服用人参，因人参有中枢神经兴奋作用。

当归参芪猪心汤

主料：猪心 500 克，当归 10 克，党参 15 克。

辅料：黄芪5克，红枣8克，盐5克。

制作方法

1. 将当归、党参、黄芪洗净，浸泡 1 小时；红枣去核，洗净。
2. 猪心剖开，切片，洗净腔管内残留的淤血，汆水。
3. 将清水适量放入瓦煲内，煮沸后加入以上材料，大火煲滚后，改用小火煲 3 小时，加盐调味即可。

【营养功效】养心安神、益智补脑。

小贴士

猪心胆固醇含量较高，青少年不宜多食。

主料：瘦肉 50 克，黑豆 60 克，独活 13 克，红枣 8 粒。

辅料：米酒、盐各适量。

制作方法

1. 将黑豆、独活、红枣（去核）洗净；瘦肉切成丁。

2. 将以上用料放入沙锅内，加清水适量，大火煮沸后，改用小火煲 2 小时。

3. 调入米酒适量，加盐调味即成。

【**营养功效**】祛风散寒，和血通络，除湿止痛。

小贴士

阴虚血燥者慎服此汤。

豆腐猪血汤

主料：猪血 250 克，豆腐 80 克，红枣 30 克。

辅料：葱花、姜片、味精、熟油、胡椒粉、盐各适量。

制作方法

1. 猪血洗净，切方块；豆腐切方块；红枣去核。

2. 锅内放入 2000 毫升清水，加入红枣，先用大火煮开，再转小火煮约 15 分钟，即可放入猪血、姜片及豆腐。待再次煮滚时加盐，撒入葱花、胡椒粉、味精、熟油即成。

【**营养功效**】补血润肠，补气健脾。

小贴士

猪血不宜与黄豆同吃，否则会引起消化不良。

白菜丸子汤

主料：小白菜 500 克，猪肉 100 克，细粉丝 50 克，鸡蛋清 1 个。

辅料：料酒、葱末、高汤、胡椒粉、味精、食用油、姜末、盐各适量。

制作方法

1. 小白菜洗净切开，在热油锅中略炒盛出；猪肉剁成肉馅。

2. 将肉馅加适量葱末、姜末、鸡蛋清、盐、味精搅匀，用手挤成小丸子，下入开水锅中氽熟取出。

3. 汤锅置火上，下入高汤、盐、胡椒粉、味精、料酒，开锅后下入丸子、小白菜和细粉丝，汤开起锅，盛入汤碗中即成。

【营养功效】滋养脏腑，滑润肌肤，补中益气。

小贴士

炒、熬小白菜的时间不宜过长，以免损失营养。

牛肉花椰菜汤

主料：牛肉汤 500 毫升，花椰菜、土豆、熟牛肉各 100 克，洋葱头、胡萝卜各 60 克。

辅料：食用油、盐、香叶各适量。

制作方法

1. 将洋葱头切丝，胡萝卜切条，放在锅内，加上香叶、食用油焖熟；牛肉切成薄片。

2. 放入土豆条，加上牛肉汤煮沸，土豆熟后放盐调味，再加上熟花椰菜。

3. 起汤时，放上切好的牛肉，盛上汤即可。

【营养功效】健脑壮骨、补脾和胃。

小贴士

花椰菜放在盐水里浸泡几分钟，有助于去除残留农药。

菠菜枸杞猪肝汤

主料：菠菜200克，猪肝200克，枸杞子20克。

辅料：姜、盐、味精各适量。

制作方法

1. 枸杞子用水浸泡洗净；猪肝洗净切片；菠菜洗净切成段；姜洗净切片。

2. 锅内放清水2碗，放入姜片滚1分钟，再加入猪肝、枸杞子小火煮熟。

3. 加入菠菜，大火翻滚，加入盐、味精调味即成。

【营养功效】润肠滋阴、补肝明目。

小贴士

高血压、冠心病、肥胖症患者忌食猪肝。

雪菜肉丝汤

主料：猪瘦肉200克，笋50克，雪菜100克。

辅料：盐5克，高汤、料酒、味精、猪油各适量。

制作方法

1. 将猪肉、笋均切成6厘米的细丝，雪菜洗净切成细末。

2. 将炒锅置于火上，倾入高汤，取肉丝、笋丝下锅，搅散后放入雪菜末。

3. 加入料酒、味精、盐，待煮沸后，撇出浮沫加入猪油，起锅装入汤碗内即成。

【营养功效】开胃消食、明目宽肠。

小贴士

雪菜含大量粗纤维，不易消化，小儿及消化功能不全者不宜多食。

枸杞叶猪肝汤

主料：猪肝200克，枸杞叶150克，枸杞子10克。

辅料：姜片、香油、盐、淀粉各适量。

制作方法

1. 将猪肝洗净后切片，用淀粉调匀；枸杞叶洗净。
2. 锅内加适量清水，烧滚，放入猪肝片、枸杞子、姜片，滚约2分钟。
3. 放入枸杞叶，煮沸，调入香油、盐、淀粉即可。

【营养功效】明目养血、清热解渴。

小贴士

服用维生素C、抗凝血药物、左旋多巴等药物期间不能食用动物肝脏。

丝瓜瘦肉汤

主料：猪瘦肉100克，丝瓜500克。

辅料：生姜、盐、味精各适量。

制作方法

1. 将丝瓜削去皮，洗净，切块；猪瘦肉洗净，切薄片，用盐腌10分钟。
2. 将丝瓜、姜片放入开水锅内，小火煮沸5分钟。
3. 再放入猪瘦肉煮至熟，用盐、味精调味供用。

【营养功效】清热化痰、凉血解毒。

小贴士

体虚内寒、腹泻者不宜多食丝瓜。

苦瓜瘦肉汤

主料：苦瓜150克，猪瘦肉90克。

辅料：香油、盐各适量。

制作方法

1. 将苦瓜洗净去核，切成片；猪瘦肉洗净，切片。
2. 锅内加适量清水，先放苦瓜，用大火煮沸滚约3分钟。
3. 见苦瓜软熟，再放入肉片，以小火煮片刻加香油、盐调味即可。

【营养功效】清热解毒、滋阴补液。

小贴士

苦瓜性凉，脾胃虚寒者慎食。

蔊菜猪肉汤

主料：蔊菜500克，猪瘦肉200克。

辅料：盐适量。

制作方法

1. 将蔊菜洗干净；猪瘦肉切成片状，备用。
2. 瓦煲内加入适量清水，先用大火煲至水滚再放入以上材料，改用中火煲2小时。
3. 加入适量盐调味即可。

【营养功效】清热解毒、利尿祛湿。

小贴士

蔊菜不能与黄荆叶同用，否则会使人肢体麻木。

荷叶瘦肉汤

主料： 荷叶 3 片，猪瘦肉 200 克。

辅料： 柠檬片 100 克，莲子 15 克，薏米 20 克，鸡内金 10 克，盐适量。

制作方法

1. 将荷叶、莲子、薏米、鸡内金洗干净；猪瘦肉切成厚片。

2. 锅内放入适量清水、猪瘦肉、莲子、柠檬片、薏米和鸡内金，煮 10 分钟。

3. 最后放入荷叶，至瘦肉煮软，加盐调味即可。

【营养功效】消暑清热、止血止泻。

小贴士

妇女怀孕早期及汗少、便秘者不宜食用薏米。

酸辣瘦肉羹

主料： 里脊肉 250 克，香菇 100 克，豆腐 200 克，冬笋 50 克。

辅料： 香菜、葱、姜、盐、醋、胡椒粉、香油、水淀粉、味精、高汤各适量。

制作方法

1. 将豆腐切小块；里脊肉、香菇、冬笋、葱、姜均洗净、切丝；香菜洗净、切末。

2. 锅中加水煮沸，分别放入豆腐、香菇丝、冬笋丝、肉丝汆一下，捞出放入盘中。

3. 坐锅点火，加入高汤、盐、适量醋、胡椒粉、味精，煮沸后倒入豆腐块、冬笋丝、香菇丝、肉丝勾薄芡，撒上葱、姜丝、香菜末、倒入香油即可。

【营养功效】豆腐补中益气、清热润燥、生津止渴、清洁肠胃。

小贴士

此汤能调剂胃口、解腻醒酒、和味提鲜。

金银花肉片汤

主料：金银花30克，冬瓜200克，猪瘦肉100克。

辅料：盐、淀粉各适量。

制作方法

1. 金银花洗净；冬瓜去皮切片；猪瘦肉切片加少量盐、淀粉和适量水拌匀待用。
2. 锅内入2000毫升水，待煮沸后，将肉片、冬瓜片入锅中煮熟。
3. 调入盐，再放入金银花煮1~2分钟即可。

【**营养功效**】清热疏风，养阴生津。

小贴士

冬瓜是解热利尿理想食物，连皮一起煮汤，效果更明显。

萝卜牛肉汤

主料：萝卜250克，牛肉200克。

辅料：盐、食用油、味精、姜块、料酒、红椒各适量。

制作方法

1. 牛肉切成薄片；萝卜切成薄片。
2. 锅入油烧热，姜块干煸，然后放入萝卜片
3. 加入水和料酒、红椒，再加入牛肉大火煮熟用盐、味精调味即可。

【**营养功效**】萝卜具有降低血脂、软化血管、稳定血压的作用，可预防冠心病、动脉硬化。

小贴士

此汤正气温补，适合秋冬季节饮用。

主料： 莲子、百合各 15 克，猪瘦肉 200 克。

辅料： 料酒、盐、味精、葱段、姜片、肉汤、熟油各适量。

制作方法

. 将莲子用热水浸泡，至发涨，去心；百合去杂质，洗净；瘦肉切块，下沸水锅中汆去血水，捞出洗净。

. 将锅烧热加入油，炒香葱、姜，再加入肉块炒，烹入料酒，炒至水干。

. 注入肉汤，加入盐、味精、莲子、百合，大火烧沸，撇去浮沫，小火炖至肉熟烂，拣去葱、姜即成。

【营养功效】润肺养心、滋肾补虚。

小贴士

莲子煲汤时要把莲心去掉，否则煲出来的汤会失去原味。

主料： 猪瘦肉 150 克，黄瓜 100 克。

辅料： 料酒、酱油、姜汁、盐、味精、胡椒粉、淀粉、清汤各适量。

制作方法

. 将猪瘦肉洗净，切成薄片放入碗内，用料酒、酱油、姜汁、水淀粉拌匀腌好；黄瓜一剖两半，去瓤切成斜片。

. 锅内放入清汤置火上，放入肉片。

. 待汤煮沸后加入黄瓜片，放入余下的料酒、盐，并加入味精、胡椒粉，起锅盛入汤碗内即成。

【营养功效】除热解毒、滋阴利湿。

小贴士

黄瓜性凉，胃寒患者食之易致腹痛…泻。

菠菜肉丸汤

主料： 菠菜500克，肉丸100克，高汤2500毫升。

辅料： 猪油25克，酱油15毫升，味精、姜末、盐各适量。

制作方法

1. 将菠菜洗净，切1厘米左右长的段，并
开水略汆捞出，放入凉水中冲凉沥干水。

2. 锅内加水烧开，下入肉丸烫熟。

3. 将锅内放入猪油，置火上烧热，加姜末、酱油，烹至出香味，随即倒入高汤，加盐、味精
菠菜、肉丸，待汤开后即成。

【营养功效】补血止血、通肠导便、抗衰老。

小贴士

烹煮菠菜时，先将菠菜用开水烫一下，可除去80%的草酸。

木瓜花生煲猪蹄

主料： 木瓜300克，猪蹄600克。

辅料： 姜、盐、食用油、味精各适量。

制作方法

1. 将木瓜切件；猪蹄劈开，然后灼熟，再
干锅里加食用油爆香。

2. 加入姜、木瓜一起炒香。

3. 加水煮开，煮1.5小时，加盐、味精调
即可。

【营养功效】猪蹄含有丰富的胶原蛋白。

小贴士

此汤是孕妇生育后催奶的汤水之一

党参猪心汤

主料: 猪心 450 克，党参 25 克。

辅料: 老姜、料酒、盐、味精各适量。

制作方法

. 将党参切段；猪心放锅里灼熟。

. 锅内加入党参、料酒、老姜一起煮沸，再用小火煮 1.5 小时。

. 加盐、味精调味即可。

【营养功效】调节气血。

猪心买回后放入清水中以泡去血水。

龙骨煲老藕

主料: 猪尾骨500克，老莲藕500克。

辅料: 干贝 50 克，食用油、老姜各适量。

制作方法

. 将莲藕切开，然后切成件；猪尾骨切开斩大件。

. 排骨在水中灼熟，干锅爆香排骨。

. 加莲藕、老姜、干贝一起熬煮 1.5 小时即可。

【营养功效】止血散淤、益血生肌。

小贴士

这款是农家水乡的常见菜，风味独特，有消暑的功效。

肉片芥菜汤

主料： 芥菜500克，猪肉200克。

辅料： 姜、盐、味精各适量。

制作方法

1. 将芥菜切成条，猪肉切片。
2. 芥菜放入水中，加姜煮沸，然后加入肉片
3. 将肉片煮熟后，用盐、味精调味即可。

【营养功效】宣肺豁痰、利气温中、解毒消肿。

小贴士

芥菜要用菜梗部分，茎叶脆嫩，口味清香。

冬瓜鲜菇肉粒汤

主料： 鲜香菇250克，冬瓜500克，猪肉100克。

辅料： 食用油、盐、姜丝各适量。

制作方法

1. 将冬瓜切成小块；猪肉切成粒；鲜菇切开成小件。
2. 食用油入锅内爆香冬瓜粒、姜丝；锅内加水，煮沸后加入鲜菇。
3. 再煮沸后加入肉粒、冬瓜粒、姜丝，最后加盐调味即可。

【营养功效】冬瓜含维生素C较多，且钾盐含量高，钠盐含量较低，高血压、肾脏病、浮肿病等患者食之，可达到消肿而不伤正气的作用。

小贴士

任何汤加上鲜菇，味道都会鲜美许多，尤其是农家初生成的鲜菇。

榨菜肉丝汤

主料： 猪肉100克，榨菜50克。

辅料： 韭黄25克，红椒25克，盐、姜、味精各适量。

制作方法

. 将榨菜切丝；猪肉也切丝；红椒切丝。

. 榨菜干锅爆香，加姜丝，再炒。再加入肉丝、韭黄、红椒丝和清水。

. 煮沸后加盐、味精调味即可。

【营养功效】壮阳补肾。

小贴士

榨菜香脆鲜香，放在汤中，让汤有一种农家的香辣感觉。

主料： 菠菜250克，猪瘦肉100克。

辅料： 盐、姜片、食用油各适量。

制作方法

. 将菠菜洗净，去根。

. 姜片放油爆香起锅，然后放清水适量。

. 大火煮沸，放入肉片，煮沸时放入菠菜稍煮。

. 加盐调味即可。

【营养功效】预防贫血。

小贴士

选购菠菜，叶子宜厚、伸张得很好，且叶面要宽、叶柄则要短。

苦瓜黄豆排骨汤

主料： 苦瓜500克，排骨250克，黄豆50克。

辅料： 蒜子、姜、盐、味精各适量。

制作方法

1. 黄豆用开水浸泡；苦瓜切成粗条；排骨砍开切段。

2. 将排骨放在锅里炒香，然后放姜、蒜再爆香最后加入苦瓜爆香。

3. 加水煮沸，然后放黄豆，再煮20分钟用盐味精调味即可。

【营养功效】清热解毒。

小贴士

苦瓜、排骨和黄豆均消暑消热，最适合夏天吃用。

丝瓜鲜菇肉片汤

主料： 丝瓜350克，鲜菇200克，猪肉100克。

辅料： 盐、料酒各适量。

制作方法

1. 丝瓜滚刀切件，猪肉切片。

2. 爆香鲜菇，加水煮开，再加入料酒、肉片

3. 放入丝瓜，待肉片熟透加盐调味即可。

【营养功效】蘑菇含有粗蛋白、脂肪、碳水化合物、粗纤维、钙、磷、铁、B族维生素、维生素C等。

小贴士

丝瓜主要在广东、广西、海南等地栽培。

沙玉猪肺汤

主料： 沙参 15 克，玉竹 15 克，猪心、猪肺各 1 个。

辅料： 葱、姜、盐各适量。

制作方法

1. 将葱洗净，切段；姜切片；沙参、玉竹分别洗净，装入药袋。

2. 将猪心、猪肺分别洗净，切片。

3. 上述材料一同放入沙锅内，再放入葱段、姜片，加适量水，置大火上煮沸，撇去浮沫，改用小火炖至肉烂，加盐调味，即可喝汤吃肉。

【营养功效】养阴润肺、补血益心。

小贴士

清洗猪肺时，应对着肺喉灌水，灌满后把水挤出，反复挤尽血水和泡沫。

蒲瓜肾片汤

主料： 蒲瓜 250 克，薏米 10 克，香菇 10 克，猪腰 1 个。

辅料： 盐、姜、葱、味精各适量。

制作方法

1. 将蒲瓜削皮，去核，洗净，切成片状；香菇去蒂洗净。

2. 将猪腰对切 2 半，除去臊腺，再切成片，洗净后用沸水汆过。

3. 水倒入锅中加热，先放姜、葱，再放蒲瓜片、猪腰片、薏米、香菇，煮熟后用小火再煮片刻，加盐、味精调味即可。

【营养功效】利湿降压、补肾强腰。

小贴士

此汤适用于夏季湿热内困之肾病综合征、肾小球肾炎等症患者。

麦芽猪胰汤

主料：麦芽30克，猪胰250克，猪瘦肉150克。

辅料：蜜枣8克，味精、盐各5克。

制作方法

1. 将麦芽洗净，浸泡1小时；猪胰、猪瘦肉洗净切成块；蜜枣洗净。

2. 锅内加水烧滚，将猪瘦肉、猪胰放入沸水中汆水，捞起。

3. 将清水1800毫升放入瓦煲内，煮沸后加入以上用料，大火煲滚，小火煲2小时，加盐、味精调味即可。

【营养功效】益肺、补脾、润燥。

小贴士

猪胰多服损阳，故男子不宜多食。

木耳肉片汤

主料：黑木耳150克，猪瘦肉160克，绿菜叶25克，熟笋片50克。

辅料：清汤、味精、胡椒粉、酱油、盐、淀粉各适量。

制作方法

1. 将水发黑木耳洗净，撕成片；猪瘦肉切片放入碗内，加盐、淀粉拌匀浆好备用。

2. 在锅中倒入清汤烧热，放入黑木耳、肉片、笋片煮沸。

3. 再加盐，下绿叶菜，煮沸时撇去浮沫，加酱油、味精调味，出锅后撒上胡椒粉即成。

【营养功效】滋阴润燥、强壮身体。

小贴士

寒性的田螺，遇上滑利的木耳，不利于消化，所以两者不宜同食。

主料：牛肉丸200克，胡萝卜、白萝卜各200克。

辅料：盐、味精、葱丝各适量。

制作方法

. 将胡萝卜、白萝卜切丝；将牛肉丸放在水中煮沸。

. 加胡萝卜丝、白萝卜丝再煮沸，加盐、味精调味。

. 加入葱丝即可。

营养功效】白萝卜味辛甘、性凉，入肺、胃经，为食疗佳品，可以治疗或辅助治疗多种疾病。本草纲目称之为“蔬中最有利者”。

小贴士

患皮肤病、肝病、肾病的人应慎食此汤。

主料：猪蹄300克，白萝卜250克，无花果30克，胡萝卜50克，姜10克。

辅料：盐6克，味精3克。

制作方法

将猪蹄处理干净砍成段；胡萝卜、白萝卜去皮切成块，姜去皮拍破。

锅内烧水，待水开时，投入猪蹄，用中火煮去血污，倒出冲洗干净。

取瓦煲一个，加入猪蹄、胡萝卜、白萝卜、无花果、姜，注入适量清水，用小火煲约2小时，调入盐、味精，即可食用。

营养功效】补气血，健脾胃。

小贴士

胡萝卜不能多吃，会让皮肤变黄。

上汤浸猪肝

主料： 猪肝250克，皮蛋2个。

辅料： 盐、食用油、味精各适量。

制作方法

1. 将猪肝切片；皮蛋切开。
2. 锅内加水，放猪肝、适量食用油，煮沸
加盐、味精调味。
3. 加入皮蛋马上起锅，浸熟即可。

【营养功效】补肝、明目、养血。

小贴士

患有高血压、冠心病、肥胖症及血
高的人忌食皮蛋。

酸辣汤

主料： 酸菜200克，猪肉100克，干辣椒15克。

辅料： 盐、食用油、味精、姜各适量。

制作方法

1. 将酸菜切丝；猪肉也切丝。
2. 锅内放油烧热，放入酸菜丝、姜丝、干
椒煸炒，加水烧开。
3. 再加入肉丝，大火煮沸后，小火再煮5分
用盐、味精调味即可。

【营养功效】此汤开胃提神、醒酒去腻。

小贴士

湿热偏重、痰湿偏盛、舌苔厚腻
人忌食猪肉。

麻辣猪肝薯片汤

主料：猪肝 200 克，土豆 150 克。

辅料：花椒、干辣椒、盐、食用油、味精各适量。

制作方法

将土豆、猪肝均切薄片；花椒、干辣椒切碎。

土豆片放油锅里爆香，加水煮开。

加入猪肝、花椒、干辣椒煮熟，加盐、味精调味即可。

营养功效】土豆能预防心血管系统脂肪沉积，保持血管弹性。

小贴士

猪肝烹制前，首先要用水将肝血洗净，放入盘中，再加适量牛奶浸泡，几分钟后，猪肝异味即可清除。

白贝冬瓜排骨汤

主料：排骨 500 克，冬瓜 500 克，白贝 250 克。

辅料：姜、盐、食用油、味精各适量。

制作方法

将冬瓜切块；排骨切长段。

将排骨放在锅里氽一下。

然后将排骨与冬瓜爆香，加入白贝、姜、食用油，加水煲 30 分钟。

排骨熟透后用盐、味精调味即可。

营养功效】滋阴壮阳、益精补血。

小贴士

白贝买回来的时候，最好清洗一下，把里边的泥沙全部清洗干净。

金蒜双丸汤

主料：冬瓜300克，墨鱼丸100克，牛肉丸250克。

辅料：金蒜、芹菜叶、盐、食用油、味精各适量。

制作方法

1. 将冬瓜切成粒。

2. 将冬瓜粒和牛肉丸、墨鱼丸、适量食用油放入水中。

3. 再加入金蒜、芹菜叶煮沸，待牛肉丸熟透最后加盐、味精调味即可。

【营养功效】消毒杀菌。

小贴士

此汤味道浓香，也可以多加入其他形式的肉丸。

双丝滚小棠菜

主料：小棠白菜250克，头菜20克，榨菜25克，猪肉100克。

辅料：盐、食用油、味精、姜丝各适量。

制作方法

1. 小棠白菜尾部切开；猪肉切片；头菜、榨菜切成丝。

2. 锅内倒油，煸香头菜丝，再加入姜丝、榨菜丝炒香。

3. 加入小棠菜、猪肉煮熟，加盐、味精调味即可。

【营养功效】健脾开胃、增食助神。

小贴士

小棠菜是江南特有品种，小棠菜株型比小白菜略小一些，口感基本与白菜一致，菜帮部分更肥美些。

肉丝银芽羹

主料： 绿豆芽300克，猪肉100克。

辅料： 青红椒、盐、食用油、老姜各适量。

制作方法

. 将猪肉切成肉丝；将绿豆芽去杂、对切开。

. 锅内热油，放入肉丝煸炒片刻，放入适量水、
豆芽、老姜。

待水滚后，加入青红椒，用盐调味即可。

营养功效】 清热解毒、醒酒利尿。

贴士

食用芽菜是近年来的农家菜新时尚，
菜中以绿豆芽营养最丰富。

香干头菜丝肉丝汤

主料： 豆腐干100克，头菜丝20克，猪肉100克，胡萝卜、芹菜各适量。

辅料： 盐适量。

制作方法

将豆腐干切成丝；猪肉切丝；将头菜丝入
干煸。

锅内加入水，同时加豆腐干、头菜丝、猪
丝、萝卜和芹菜同煮。

煮熟后用盐调味即可。

营养功效】 豆腐干含有丰富的蛋白质。

贴士

头菜就是将芥菜头腌制后的成品，
味道鲜爽清香。

木耳海带肉片汤

主料：鲜海带180克，鲜木耳100克，猪肉100克。

辅料：青红椒丝、盐各适量。

制作方法

1. 将鲜木耳洗净切丝，海带丝切段。
2. 猪肉切成薄片，海带和鲜木耳灼熟。
3. 在海带、木耳中加入肉片和适量青红椒丝煮熟，再加盐调味即可。

【营养功效】海带含有丰富的碘。

小贴士

食用海带前，应当先洗净之后再浸泡

猪皮萝卜冬瓜汤

主料：冬瓜250克，萝卜250克，猪皮150克。

辅料：食用油、老姜、陈皮各适量。

制作方法

1. 将猪皮切成丝；萝卜切丝；冬瓜也切成丝
2. 下姜丝，加适量食用油将猪皮爆香。
3. 加入萝卜丝、冬瓜丝、老姜、陈皮和适量清水煮熟，加盐调味即可。

【营养功效】清热生津。

小贴士

猪皮营养丰富，所含蛋白质是猪肉的1.5倍，碳水化合物是猪瘦肉的4倍，脂肪为猪瘦肉的79%，和猪瘦肉所产生的热量相差无几。

主料：西洋菜500克，猪肉100克，皮蛋1个。

辅料：盐、姜丝各适量。

制作方法

将肉切成丝，西洋菜洗净去根部。

用皮蛋、姜丝起锅。

加水、西洋菜煮沸。

再加肉丝煮熟后，用盐调味即可。

营养功效】化痰止咳、利尿。

贴士

西洋菜即豆瓣菜，原产欧洲。19世纪，葡萄牙引入中国。国内以广州、汕头带和广西栽培较多。

主料：猪肉500克，青萝卜250克，胡萝卜250克。

辅料：盐、老姜各适量。

制作方法

胡萝卜滚刀切件。

青萝卜滚刀切件。

猪肉切开成块状。

将所有主料及老姜放在沙煲里，煮2个小

加盐调味即可。

营养功效】降糖降脂。

贴士

青萝卜富含人体所需的营养物质，粉酶含量很高，肉质致密，呈淡绿色，多味甜、微辣，是著名的生食品种，称“水果萝卜”。

清补凉煲排骨

主料：排骨500克。

辅料：清补凉1份，盐适量。

制作方法

1. 排骨剁开。
2. 然后将排骨和清补凉放在瓦煲内，煲2个小时用盐调味即可。

【**营养功效**】补血。

小贴士

清补凉是指薏米、莲子、百合、山药、玉竹、芡实几种药材，都是清凉降火的，所以适合在夏天食用。

甜杏仁排骨汤

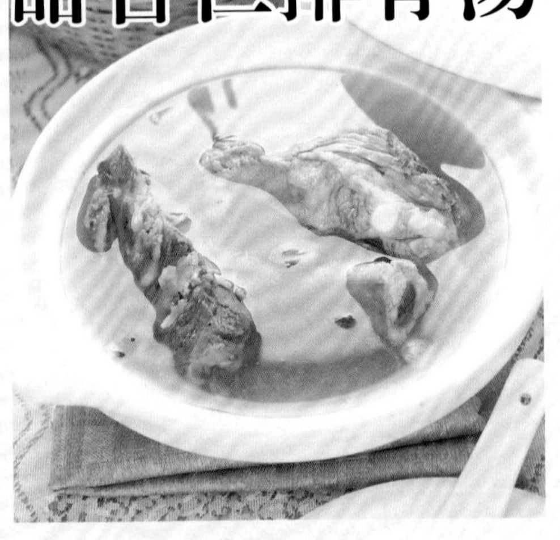

主料：排骨500克，甜杏仁250克。

辅料：盐、老姜各适量。

制作方法

1. 将排骨剁开。
2. 然后将排骨和甜杏仁、老姜放在瓦煲内煲2个小时用盐调味即可。

【**营养功效**】甜杏仁可以有效控制人体内固醇的含量，还能显著降低心脏病和多慢性病的发病危险。

小贴士

杏仁有南杏仁、北杏仁之分，即杏仁、苦杏仁，苦杏仁有毒，不宜多食

主料： 猪瘦肉500克，大生地10克，绿豆150克。

辅料： 盐适量。

制作方法

. 瘦肉切成粗条。

. 然后和大生地、绿豆一起放入沙煲中，煲个小时用盐调味即可。

营养功效】 生津清热。

大生地指根茎肥大体重的生地，品质较优。

主料： 猪腰2个，黑木耳30克。

辅料： 上汤、姜、葱、盐、白酒各适量。

制作方法

将猪腰切开去除中央白色物，切成片，净用盐搽匀，腌10分钟后，将盐洗净，将白酒淋上猪腰面，腌10分钟，待用。

黑木耳用温水泡发，择蒂，洗净后，将腰、木耳一同放入滚水中，煮3分钟左右，后捞出装碗。

上汤加水煮沸，放入猪腰、黑木耳、姜、，待猪腰熟透最后加盐调味即可。

营养功效】 猪腰是猪肾的俗称，含蛋白质、水化合物、钙、铁和磷等营养成分，有补肝肾、强筋健骨的功效。

贴士

猪腰泡过水则色泽发白、发涨，不宜买。

莲子猪心汤

主料：莲子30克，猪心250克。

辅料：姜片、盐、酱油、味精各适量。

制作方法

1. 将猪心洗净切片，放入锅中。
2. 加入莲子、姜片，中火炖30分钟。
3. 加入盐、酱油、味精调味即可。

【营养功效】养血安神。

小贴士

猪心的肉质特殊，不宜煮久，以
纤维老化嚼不动。

山药羊肉汤

主料：羊肉500克，山药150克。

辅料：生姜、葱、胡椒、料酒、盐各适量。

制作方法

1. 将羊肉切成片；山药去皮切片；姜洗净拍破；葱洗净待用。
2. 锅内放水，投入羊肉片，加姜烧滚，捞羊肉片待用。
3. 山药与羊肉片一起放入锅中，注入清水量，加生姜、葱、胡椒、料酒、先用大火煮沸后撇去浮沫，改小火炖至熟烂加盐调味即可。

【营养功效】补肾养脾、益气养血。

小贴士

羊肉特别是山羊肉膻味较大，煮放个山楂或加萝卜、绿豆，炒制时放葱姜、孜然等佐料可以去除膻味。

平菇羊血汤

主料： 羊血块200克，鲜平菇150克。

辅料： 葱花、姜末、蒜末、食用油、料酒、盐、味精、五香粉、麻辣汁水各适量。

制作方法

. 将鲜平菇择洗干净，并将大的纵剖为二，㓰盛入碗中，备用；将羊血块洗净，入沸水㪽汆透，取出，切成2厘米见方的块，待用。

. 炒锅置火上，加油烧至六成热时，加葱花、姜末煸炒出香味，加清水适量，并加羊血块，烹入料酒，大火煮沸，再加平菇，拌和均匀，改用小火煨煮30分钟。

. 加蒜末、盐、味精、五香粉及适量麻辣汁水，再煮沸即成。

【营养功效】羊血富含水分及蛋白质，具有活血、补血的功效。

小贴士

脾胃虚寒者忌食。

红枣花生炖猪蹄

主料： 猪蹄500克、大红枣30克，花生30克。

辅料： 生姜、葱、食用油、盐、味精、料酒、胡椒粉、清汤各适量。

制作方法

猪蹄洗净砍成块；大红枣、花生用水泡透；姜去皮切片；葱切段。

锅内加水适量，煮沸，放猪蹄，煮净血水倒出。

将油倒入锅中，放入姜片、猪蹄块，淋入酒爆炒片刻，加入清汤、大红枣、花生、葱段，中火煮至汤色变白，加盐、味精、胡椒粉味即可。

【营养功效】猪蹄含有丰富的蛋白质、脂肪、水化合物、维生素A、B族维生素、维生素C及钙、磷、铁等营养物质。

小贴士

肥胖者少食。

花生猪蹄汤

主料：花生 200 克，猪蹄 500 克。

辅料：盐、葱、姜、料酒各适量。

制作方法

1. 将猪蹄去毛洗净，用刀划口，放入锅内。

2. 加花生、盐、葱、姜、料酒、清水适量，用大火煮沸。

3. 然后改用小火熬至熟烂即可。

【营养功效】花生含有抗氧化的维生素 E，具有滋润皮肤的作用。

小贴士

对已霉变的花生会产生致癌性极强的黄曲霉素，不应再吃。

猪排炖黄豆芽

主料：排骨500克，鲜黄豆芽200克。

辅料：葱、姜、料酒、盐、味精各适量。

制作方法

1. 将排骨洗净切段，放入沸水中氽水，再用清水洗净，放入锅中；黄豆芽清洗干净。

2. 在已盛有排骨的锅中放清水适量，加入料酒、葱、姜，用大火煮沸，改用小火炖60分钟。

3. 放黄豆芽，用大火煮沸，改用小火熬 分钟，加盐、味精调味，拣出葱、姜即可。

【营养功效】黄豆芽性寒，味甘，可解胃郁热，还可消除皮肤黑斑。

小贴士

黄豆芽较嫩，烹调时间不宜久。

丝瓜猪蹄汤

主料： 丝瓜 250 克，香菇 30 克，猪蹄 500 克，豆腐 100 克。

辅料： 生姜丝、盐、味精各适量。

制作方法

1. 将香菇用水泡后洗净；丝瓜洗净后切成片。
2. 猪蹄洗净后剁开，放入锅中，加清水适量，煮约 30 分钟。
3. 再加入香菇、生姜丝、盐，慢炖 20 分钟，再下丝瓜和豆腐，炖至肉熟烂离火，加入味精即成。

【**营养功效**】养血通乳、滋润皮肤。

小贴士

丝瓜鲜嫩，宜大火快煮。

当归猪血莴笋汤

主料： 当归 15 克，猪血 500 克，莴笋 200 克。

辅料： 大蒜叶末、姜片、鲜汤、料酒、盐、味精、胡椒粉各适量。

制作方法

1. 将猪血洗净，切大块。
2. 莴笋去皮、叶，洗净后切片。
3. 将鲜汤入锅，加当归、姜片煮沸，放入莴笋，再沸后加入猪血、料酒、盐，最后入味精、胡椒粉、大蒜叶末，煮沸即成。

【**营养功效**】养血活血、通络下乳。

小贴士

猪血买回来宜尽快烹调，否则易化。

香菇当归肉片汤

主料：鲜香菇 150 克，当归 30 克，肋条肉 100 克。

辅料：葱花、姜末、食用油、水淀粉、料酒、鸡汤、盐、味精、香油各适量。

制作方法

1. 将鲜香菇择洗干净，切片备用；将当归去杂、洗净，切成片，放入洁净纱布袋中，扎口，待用；肋条肉洗净，切成薄片，放入碗中，加葱花、姜末、水淀粉等调料抓均匀。

2. 锅置火上，加油烧至六成热，倒入肉片，熘炒片刻，烹入料酒，加鸡汤、清水和药袋，改用小火煨煮 40 分钟。

3. 取出药袋，挤尽汁液，加香菇，继续用小火煨煮 10 分钟，加盐、味精拌匀，淋入香油即成。

【**营养功效**】此菜补虚健脾，理气养血。

小贴士

选购香菇时，香菇蒂细，菇身必薄，反之香菇蒂粗，菇身必厚。

香菇瘦肉汤

主料：猪瘦肉 100 克，香菇 20 克。

辅料：盐、葱、味精各适量。

制作方法

1. 将猪瘦肉洗净切成片；香菇温水泡发，切成片；葱切末。

2. 锅中注入清水适量，放入猪瘦肉和香菇加葱末、盐煮沸后用小火煮约 5 分钟。

3. 肉熟后调入味精，装入汤碗，撒上葱花可上桌。

【**营养功效**】常食用香菇具有健体益智抗衰老等功效，且不易发胖。

小贴士

猪瘦肉若拌点淀粉烹调，更加鲜嫩

南瓜煲排骨

主料： 南瓜 1 个，排骨 600 克。

辅料： 陈皮、蜜枣、盐各适量。

制作方法

. 南瓜去瓤，用清水洗干净，切成大件，备
月；拣选排骨，斩件。

. 锅内加水，放入排骨，煮约 5 分钟左右，
劳起。

. 瓦煲内加入适量清水，先用大火煲至水
衮，然后放入以上全部材料及陈皮、蜜枣，
矣水再煮沸，改用中火继续煲 2 小时左右，
以适量盐调味即可以。

【营养功效】清热消暑、祛湿解毒、生津解渴。

小贴士

在日常饮食中多吃些南瓜，可以平
衡体内的油脂。

木瓜排骨汤

主料： 木瓜 1 个，花生 120 克，排骨 450 克。

辅料： 红枣、盐、味精各适量。

制作方法

木瓜去皮和子，洗净后切厚块。

花生用清水浸泡半小时；排骨洗净剁块；
红枣（去核）洗净。

将以上材料全部放入沙锅内，加清水适量，
大火煮沸后，改用小火炖 3 小时，加盐、
精调味即可。

【营养功效】清热润燥、健脾通便。

小贴士

煲汤宜选用青木瓜。

南瓜炖牛肉

主料：老南瓜500克，牛肉300克，生姜10克。

辅料：料酒、盐各适量。

制作方法

1. 将南瓜从近蒂处切开，掏去瓜子；牛肉切片

2. 牛肉片汆水，然后放入南瓜盅中，加入料酒姜片，上笼蒸熟。

3. 取出，加入盐调味即可。

【营养功效】南瓜与牛肉炖汤食用，不仅可以预防感冒，还有润肺益气、治咳止喘和润肤的食疗效果。

小贴士

此汤中不要放板栗炖，因为共同炖食容易引起呕吐。

绿豆排骨汤

主料：排骨200克，绿豆50克，白萝卜200克。

辅料：猪油、味精、盐各适量。

制作方法

1. 绿豆淘洗净，以温水泡发；白萝卜去皮切片；排骨斩成件。

2. 将排骨、萝卜、绿豆放入锅中，加水煮沸倒入炖盅内并加入猪油。

3. 将炖盅放入蒸锅内炖约1.5小时，取出加入盐、味精调味即可。

【营养功效】清热、化痰、止咳。

小贴士

慢性胃肠炎、慢性肝炎、甲状腺功能低下者忌食绿豆。

木瓜银耳排骨汤

主料：木瓜 1 个，银耳、甜杏仁各 12 克，苦杏仁 9 克，排骨 400 克。

辅料：生姜、盐各适量。

制作方法

. 木瓜去皮、去核，洗干净，切块；银耳用青水浸透，泡开。

. 甜杏仁、苦杏仁去衣洗干净；生姜洗干净，去皮；排骨切块，放入滚水中煮 5 分钟，洗干净。

. 瓦煲内加入清水，用大火煲至水滚，放入除盐外的全部材料，待煮沸后用中火煲 2 小时，最后盐调味，即可饮用。

【营养功效】清热润燥、养阴生津。

小贴士

怀孕时不能吃木瓜以免引起宫缩腹痛。

竹蔗萝卜猪骨汤

主料：竹蔗 250 克，胡萝卜、猪骨各 500 克。

辅料：陈皮、盐各适量。

制作方法

竹蔗去皮、斩段、破开，洗干净；胡萝卜去皮，洗干净切块。

猪骨斩件、陈皮洗干净。

将除盐外的所有材料放入滚水中，用中火煲 3 小时，以适量盐调味即可。

【营养功效】润肠通便，补益身体。

小贴士

长期抽烟的人，每日饮半杯胡萝卜汁，对肺部有保护作用。

芡实冬瓜猪展汤

主料：芡实100克，冬瓜500克，猪展300克。

辅料：荷叶1张，生姜、木棉花、盐各适量。

制作方法

1. 芡实、荷叶、生姜、木棉花分别洗干净。
2. 冬瓜保留冬瓜皮、瓤、仁，切成块；生姜去皮，切片备用；猪展切成块。
3. 将芡实、冬瓜、生姜、木棉花和猪展放入煲内，加入适量清水，先用大火煲至水滚，然后改用中火煲2小时，再放入荷叶和适量盐调味，稍滚，即可饮用。

【营养功效】清热消暑、健脾止泻。

小贴士

女子月经来潮期间忌食此汤。

冬瓜薏米猪肚汤

主料：冬瓜500克，薏米50克，赤豆50克、炒扁豆50克，萆薢25克，猪肚1个。

辅料：荷叶半张，灯芯花、陈皮、盐各适量。

制作方法

1. 冬瓜保留皮，切成块备用；猪肚用盐搓擦洗干净，切成片。
2. 取生薏米、荷叶、赤豆、炒扁豆、萆薢、灯芯花、陈皮分别洗干净。
3. 将生薏米、赤豆、炒扁豆、萆薢、灯芯花和陈皮放入瓦煲内，加入适量清水，先用大火煲至水滚，然后再放入冬瓜、猪肚，改用中火煲2小时，放入荷叶和适量盐调味，稍滚即可。

【营养功效】消暑清热、健脾开胃、利湿解毒。

小贴士

汗少、便秘者不宜食用此汤。

红枣茶树菇排骨汤

主料： 茶树菇 50 克，小排骨 200 克。

辅料： 红枣 30 克，蜜枣 5 克，生姜 3 克，盐适量。

制作方法

. 红枣去核待用；茶树菇切成小段，略冲
; 小排骨切成小块。

. 待锅中水烧开，将上述材料及蜜枣、生姜
一同放入锅中，大火煮 15 分钟。

. 再用小火煮 30 分钟，加适量盐即可。

【营养功效】养血红颜、消脂减肥、排除
毒素。

小贴士

挑选茶树菇时注意茶树菇的粗细、
小是否一致。茶树菇大小不统一的话，
味着这里面掺有陈年的茶树菇。

主料： 猪蹄 2 只，黑木耳 20 克，红枣 40 克。

辅料： 姜片、葱段、盐各适量。

制作方法

. 黑木耳洗净，浸泡；红枣去核，洗净；猪
净毛、斩件、洗净、汆水。

热锅，投入姜、葱及猪蹄，干爆约 3 分钟
捞起。

将清水适量放入瓦煲内，煮沸后加入上述
料，煲滚后改用小火煲 3 小时，最后加盐
味。

营养功效】养血润肤、祛淤消斑。

小贴士

有出血性疾病及正腹泻的人应不食
少食此汤。

马蹄胡萝卜瘦肉汤

主料: 马蹄100克，海蜇皮100克，胡萝卜150克，香菇30克，猪瘦肉150克。

辅料: 盐5克，味精1克。

制作方法

1. 马蹄去皮，切成两半；海蜇皮用清水浸泡切成片；香菇去蒂，浸泡2小时；胡萝卜去皮，洗净，切片；瘦肉洗净，切片。

2. 将上述材料一同放入沙煲，加水适量，以大火煮沸后，再用小火煲3小时。

3. 加盐、味精调味即可。

【营养功效】消脂降糖、清热消滞。

小贴士

生吃胡萝卜，其所含的类萝卜素因没有脂肪而很难被吸收，从而造成浪费。

山药胡萝卜瘦肉汤

主料: 山药500克，黑木耳60克，胡萝卜400克，玉米粒30克，猪瘦肉120克。

辅料: 红枣、味精、盐各适量。

制作方法

1. 山药去皮，切片；黑木耳浸透，切片；胡萝卜去皮，切块。

2. 瘦肉洗净，切片，沥干水分。

3. 将除盐、味精外的所有材料一同放入沙煲内，加水适量，以大火煮沸后，再用小火煲1小时，加盐、味精调味，即可喝汤吃肉。

【营养功效】减肥降脂、清热、健脾益气

小贴士

山药属于补益食品，又有收敛作用所以，凡有湿热寒邪以及大便干燥等宜食用。

主料：红枣 20 克，苹果 3 个，雪梨 3 个，排骨 250 克，甜杏仁 20 克。

辅料：姜、盐各适量。

制作方法

. 将甜杏仁、红枣分别泡水；苹果、雪梨洗
争，切薄片。

. 排骨洗净后切块，用沸水烫后捞起。

. 将上述材料和姜片一同放入沙锅内，以大
火煮 20 分钟后，改用小火煲 1 小时，加盐
周味即可。

【营养功效】纤体养颜、活化肌肤。

阴虚咳嗽及泄痢便溏者不宜食用杏仁。

主料：苦瓜 400 克，玉竹 15 克，排骨 100 克。

辅料：盐、味精各适量。

制作方法

. 玉竹洗净；苦瓜洗净，去子，切块；排骨
斤成件。

. 锅内放清水煮沸，将苦瓜、排骨一起投入
锅中，烫熟后捞起。

. 将上述材料一同放入沙锅中，加水适量，
用小火煲 45 分钟后，加盐、味精调味即可
食用。

【营养功效】清热消暑、养血益气。

小贴士

苦瓜性凉，脾胃虚寒者、孕妇不宜
食用。

主料：海带120克，冬瓜500克，瘦肉250克。

辅料：陈皮15克，盐适量。

制作方法

1. 将海带用水浸泡后，洗净切段；冬瓜去皮切块。

2. 将瘦肉洗净，切块。

3. 将上述材料与陈皮一同放入沙锅内，加1500毫升，以大火煮沸后，用小火煲2小时加盐调味即可。

【营养功效】消脂减肥、健脾养生。

小贴士

陈皮偏于温燥，有干咳无痰、口干舌燥等症状的阴虚体质者不宜多食。

主料：黄豆75克，薏米38克，木瓜900克，猪瘦肉150克。

辅料：姜、盐各适量。

制作方法

1. 薏米、黄豆分别洗净，用清水泡透；木瓜去皮，切块；猪瘦肉切成块。

2. 在沙煲内放适量水煮沸，加黄豆、薏米、猪瘦肉、姜片，以大火煮沸后，改用小火煲1小时。

3. 加入木瓜，继续煲15分钟，加盐调味即可

【营养功效】减肥消脂、利水健脾。

小贴士

黄豆性偏寒，胃寒者和易腹泻、腹胀、脾虚者以及常出现遗精的肾亏者不宜多食

健脾板栗瘦肉汤

主料：猪瘦肉 200 克，板栗 400 克，山药 25 克。

辅料：葱花、食用油、盐各适量。

制作方法

. 板栗剥壳后用水浸泡去衣；猪瘦肉切成块状。

. 将以上主料连同山药一起放入煲内，加入 200 毫升水，煮至猪瘦肉软熟。

. 加盐、葱花、食用油调味即可。

【营养功效】益气补脾、健胃厚肠。

小贴士

脾胃虚弱消化不好或患有风湿者不宜食用栗子。好的山药外皮无伤，带黏液，断层雪白，黏液多。

莲子鲍鱼瘦肉汤

主料：瘦肉 500 克，鲍鱼 200 克，莲子 100 克，百合 100 克。

辅料：姜、葱、盐、苏打粉各适量。

制作方法

. 百合用清水浸 1 小时；将水煮沸后放入苏打粉 10 克，再放入莲子煮约 5 分钟，捞起擦去莲衣，去莲心，洗净。

. 莲子、百合放入滚水中煮 5 分钟，捞起洗净；鲍鱼洗干净；起锅煮沸水，放入姜、葱、鲍鱼、瘦肉煮 5 分钟，取起鲍鱼和瘦肉洗净。

煲内放入适量水煲滚，再放入鲍鱼、瘦肉、百合、姜煲滚，再用小火煲 2 小时，加入莲子再煲 1 小时，放盐调味即可饮用。

【营养功效】滋阴补阳、补而不燥。

小贴士

饮用此汤后，不宜马上进食水果。

主料：番茄200克，熟牛肉丁250克，洋葱丁150克，胡萝卜丁150克，土豆丁250克，番茄酱50克。

辅料：香叶、盐、胡椒粉、食用油各适量。

制作方法

1. 将熟牛肉、洋葱、胡萝卜和土豆丁分别洗净

2. 锅烧热后，加入油，将洋葱丁和胡萝卜丁先下锅炒至呈黄色时，加入番茄酱和香叶炒片刻。

3. 倒入番茄汤中，煮沸后，加入土豆丁、牛肉丁煮约30分钟。上桌时加入盐和胡椒粉调好口味即成。

【**营养功效**】健胃消食、生津止渴、润肠通便

小贴士

酸奶适合与番茄一起食用。

主料：白菜250克，丝瓜500克，猪瘦肉300克。

辅料：杭白菊15克，玫瑰花、红枣、盐各适量。

制作方法

1. 丝瓜削去边皮，对半剖开，切件；白菜段；红枣去核；猪瘦肉切成片。

2. 玫瑰花、杭白菊分别漂洗干净，用干净布袋装，备用。

3. 瓦煲内加入适量清水，先用大火煮沸，放入以上全部材料，改用中火煲1小时，掉纱布袋，加入适量盐调味即可。

【**营养功效**】清热解毒、悦颜去斑。

小贴士

阴虚有火者勿服。

萝卜煲羊腩

主料：白萝卜400克，胡萝卜200克，桂圆肉12克，羊腩500克。

辅料：生姜、盐适量。

制作方法

1. 萝卜去皮、洗干净，切厚片；桂圆肉洗干净；生姜洗净；羊腩洗干净，切块。

2. 锅内放冷水，投入羊腩，小火煮沸后捞起羊腩。

3. 将除盐外的所有材料放入滚水中，用中火煲3小时，以适量盐调味即可。

【营养功效】清热润肺、宁心定惊。

小贴士

喝完此汤后不宜喝醋，否则会引起中毒现象。

西洋菜猪肺汤

主料：西洋菜250克，猪肺1个。

辅料：陈皮、蜜枣、甜杏仁、苦杏仁、盐各适量。

制作方法

1. 西洋菜、陈皮和蜜枣洗净；甜杏仁和苦杏仁去衣，洗净；猪肺洗干净，切成块状。

2. 猪肺和西洋菜一起放滚水中煮5分钟。

3. 瓦煲加入清水，用大火煮沸，后放入上述所有材料，改用中火继续煲两小时，加适量盐调味，即可。

【营养功效】清热解毒、润肺止咳。

小贴士

西洋菜因源于澳门附近，为葡萄牙人带入。当时当地人习惯称葡萄牙人为“西洋人”，故而将这种水菜称为“西洋菜”。

白果排骨汤

主料: 排骨500克，白果50克。

辅料: 料酒、葱、姜、盐各适量。

制作方法

1. 排骨斩件，白果剥壳。
2. 排骨、料酒、姜、白果加水用小火煮1小时
3. 加盐调味后再煮15分钟，撒上葱末即可食用。

【营养功效】化痰润肺、止咳平喘。

小贴士

白果有小毒，不可放多，也不可食用过多。

蜜枣剑花猪肺汤

主料: 蜜枣20克，剑花100克，猪肺300克。

辅料: 陈皮、盐各适量。

制作方法

1. 蜜枣洗净；陈皮用清水浸软，刮白；剑花用清水浸软，洗净切成数段；猪肺切厚片，用手挤洗干净。
2. 将剑花和猪肺放入滚水中煮5分钟，捞起过冷水。
3. 把以上所有材料放入锅内，加清水适量，大火煮沸后，改小火煲2小时，加盐调味即成。

【营养功效】润肺止咳、理气化痰。

小贴士

制作此汤时不宜加葱。

香菇萝卜杏仁猪肺汤

主料：胡萝卜100克，甜杏仁4克，猪肺250克，香菇50克。

辅料：生姜、盐各适量。

制作方法

.甜杏仁、香菇（去蒂）浸透洗净；胡萝卜洗净带皮切成数块；猪肺洗净，切成多块。

.将以上用料及姜放入炖盅，加适量水，盖上盖，隔水炖。

.先用大火炖30分钟，再用中火炖50分钟，后用小火炖1.5小时，加盐调味即成。

【营养功效】润肺燥、养肝阴、生津液。

小贴士

喝此汤时不宜食用苹果、梨、葡萄。

姜桂猪肚汤

主料：猪肚500克。

辅料：猪脊骨250克，猪瘦肉200克，桂圆20克，玉竹10克，胡椒粒5克，老姜10克，盐10克，鸡精5克。

制作方法

.先将猪脊骨、猪瘦肉斩件；猪肚比较脏，要用生粉反复多洗几次，以免有异味。

.沙锅内放适量清水煮沸，放入猪脊骨、猪瘦肉、猪肚汆去血渍和异味，倒出，用清水洗净。

.用沙锅装适量清水，大火煲沸后，放入猪脊骨、猪瘦肉、猪肚、胡椒粒、老姜、桂圆、玉竹后，煲2小时，调入盐、鸡精即可食用。

【营养功效】老姜驱风，猪肚营养丰富。此汤补胃养胃，适宜冬季饮用。

小贴士

新鲜猪肚黄白色，手摸劲挺黏液多，肚内无块和硬粒，弹性较足。

冬瓜肾片汤

主料：冬瓜250克，薏米、黄芪、山药各9克，香菇20克，猪腰300克。

辅料：鸡汤2000毫升，姜、葱、盐、味精各适量。

制作方法

1. 将主料洗净；冬瓜去皮、瓤，切成厚片；香菇去蒂。

2. 猪腰对切两半，去臊膜，切成片，洗净后用热水烫过。

3. 鸡汤倒入锅中加热，先放姜、葱，再放薏米黄芪和冬瓜，以中火煮40分钟，放入猪腰、香菇和山药，待猪腰熟透加盐、味精调味，用小火再煮片刻即可。

【**营养功效**】祛湿降压、补肾强腰。

小贴士

一般人均可食用。素体虚寒、胃弱易泻者慎用，阳虚者忌食。

冬荷瘦肉汤

主料：冬瓜500克，荷叶1张，瘦肉200克。

辅料：盐适量。

制作方法

1. 将猪瘦肉洗净、切块；荷叶洗净、撕碎；冬瓜连皮切块。

2. 猪瘦肉、冬瓜、荷叶一同放入沙锅里，加清水适量，用大火煮沸后，改用小火炖2小时

3. 加入盐调味即可。

【**营养功效**】清暑祛湿。

小贴士

一般人均可食用。特别适合在夏天炎热时饮用。

主料： 马蹄 200 克，新鲜茅根 200 克，白萝卜 600 克，猪瘦肉 200 克。

辅料： 生姜 60 克，盐适量。

制作方法

. 将马蹄、白萝卜分别去蒂、皮，切厚片，先干净备用；猪瘦肉切成片。

. 新鲜茅根、生姜分别洗干净，茅根可用干净水草捆绑成 1 扎。

. 瓦煲内加入适量清水，先用大火煲至水滚，然后放入以上全部材料，改用中火煲 2 小时，加入适量盐调味即可。

【营养功效】清热解毒、凉血利尿。

小贴士

马蹄不宜生吃，因为马蹄生长在泥中，外皮和内部都有可能附着较多的细菌和寄生虫，所以一定要洗净、煮透后方可食用。

主料： 红枣 30 克，当归 20 克，桂圆肉 30 克，猪皮 500 克。

辅料： 盐 5 克。

制作方法

. 将红枣去核，洗净；当归、桂圆肉洗净；尽量剔除黏附在猪皮上的脂肪，切成块状，洗净。

. 锅内加水烧滚，投入猪皮汆水，捞起。

. 将清水适量放入瓦煲内，煮沸后加入以上材料，煲滚后改用小火煲 3 小时，加盐调味即可。

【营养功效】补血养颜、除皱美肤。

小贴士

猪皮含有的胶质，能使皮肤的皱纹推迟发生，从而起到润肤除皱的作用。煲汤时应尽量剔除黏附在猪皮内的脂肪，因为食用过多脂肪，会使人体血液中胆固醇的含量增高。

花生香菇瘦肉汤

主料：猪瘦肉250克，猪脊骨200克。

辅料：花生 100 克，核桃 50 克，黄豆 50 克，香菇 20 克，姜片、盐、鸡精各适量。

制作方法

1. 将猪瘦肉、猪脊骨洗净，斩件；花生、核桃黄豆、香菇泡洗干净。

2. 沙锅内放适量清水煮沸，放入猪瘦肉、猪脊骨汆去血渍，倒出，用温水洗净。

3. 花生、核桃、黄豆、香菇、猪瘦肉、猪脊骨姜片放入炖盅内，加入清水炖2小时，调入盐鸡精即可食用。

【**营养功效**】此汤健脾养胃、补血养颜，对不思饮食、气短懒言、失眠多梦、舌质淡红苔白等症状有显著改善效果。

小贴士

发好的香菇要放在冰箱里冷藏可减少营养损失，并且做出的菜味道更好。

莲子芡实瘦肉汤

主料：莲子 50 克，芡实 50 克，猪瘦肉 250 克。

辅料：盐、味精各适量。

制作方法

1. 将莲子、芡实分别洗净；猪瘦肉洗净，沥干水分，切块。

2. 将上述材料一同放入炖盅内，加清水适量炖约 2 个小时。

3. 加盐、味精调味即可。

【**营养功效**】嫩白皮肤、美目护眼、健脾养生。

小贴士

大便燥结者不可过多服用莲子。莲子一定要去心，否则会苦，炖的时间不能太久。

菊花丝瓜猪胰汤

主料: 菊花 15 克，红枣 25 克，玫瑰（新鲜）15 克，猪胰 2 条，丝瓜 400 克。

辅料: 盐适量。

制作方法

. 红枣去核，洗净；玫瑰、菊花分别洗净，
用纱袋装好；丝瓜、猪胰分别洗净，分别
切块。

. 猪胰加清水适量放入沙煲，煮沸。

. 上述材料一同放入沙煲，用小火煲 1 小时，
加盐调味即可。

【**营养功效**】祛斑悦颜、养血润肤。

小贴士

若无玫瑰花，可用茉莉花替代，其
功效相同。气虚胃寒、食量少、腹泻的
患者应少用此汤。储存的菊花有霉蛀时
宜烘干，不宜在烈日下暴晒，以防散瓣
变色。

益母草猪蹄汤

主料: 猪瘦肉 150 克，益母草 15 克，猪蹄 450 克。

辅料: 老姜、盐、鸡精各适量。

制作方法

. 猪蹄、猪瘦肉斩件；益母草洗净；老姜去
皮、洗净，切片。

. 沙锅内放适量清水煮沸，放入猪蹄、猪瘦
肉汆去血渍，倒出，用温水洗净。

. 将猪蹄、猪瘦肉、益母草、老姜放入炖盅内，
加入适量清水炖 2 小时，调入盐、鸡精即可
食用。

【**营养功效**】此汤具有活血通经、止痛等功
效。益母草滋阴补虚，能调节女性生理，对
调养气血大有帮助。

小贴士

胃肠消化功能减弱的老年人、儿童
不宜多食。

红枣猪蹄汤

主料：红枣20克，带皮猪蹄600克。

辅料：料酒、盐、姜、葱、胡椒粉各适量。

制作方法

1. 红枣洗净，泡发；猪蹄洗净，用刀剖开呈4～6瓣。

2. 锅内加适量清水，待水烧开，将猪蹄放入烫透，煮沸数次，撇去浮沫。

3. 在沙锅内加清水烧开，下猪蹄，放入红枣煮沸，加料酒，转小火炖至猪蹄皮酥软，肉烂熟，放入调料包括料酒、盐、姜、葱、胡椒粉各适量，继续煨炖30分钟，即可饮用。

【营养功效】补血养颜、润泽皮肤。

小贴士

猪蹄含有丰富的胶原蛋白和弹性蛋白，可以有效地预防和改善皮肤干燥。猪蹄不可与甘草同吃，否则会引起中毒，但可以用绿豆治疗。

桂圆牛肉汤

主料：牛肉250克，桂圆25克，黄芪10克，豌豆苗20克。

辅料：料酒、姜片、盐适量。

制作方法

1. 牛肉最好用里脊肉，洗净后切成薄片；豌豆苗、桂圆肉洗干净。

2. 锅内加水，放入牛肉片煮成清汤，煮滚后去泡沫和浮油，放入黄芪和桂圆，煮至水减半即可。

3. 再用料酒、姜片和盐调味，加入豌豆苗煮3分钟即可。

【营养功效】牛肉补脾胃、益气血、强筋骨。

小贴士

牛肉不宜常吃，一周1次为宜。牛肉不易熟烂，烹调时放一个山楂、一块橘皮或一点茶叶可以使其易烂。

灵芝瘦肉汤

主料：猪瘦肉250克，灵芝30克，生姜15克，红枣6克。

辅料：盐适量。

制作方法

. 将灵芝刮去杂质，洗净切成小块；红枣（去
亥）洗净；猪瘦肉洗净，切块。

. 锅中加入适量清水，烧至水开时，放入肉
块烫约2分钟，捞起。

. 把全部材料一齐放入锅内，加清水适量，
大火煮沸后，小火煲2～3小时，用盐调味
卩可。

【营养功效】安神益智。

小贴士

此汤适合老年人服用。猪瘦肉与菱
角同食容易引起腹痛，所以饮用完此汤
后，不宜再食用菱角。

枸杞子牛蛙猪腰汤

主料：枸杞子30克，牛蛙300克，猪腰600克。

辅料：鱼肚30克，蒜头6克，盐适量。

制作方法

. 枸杞子洗净；蒜头去皮；牛蛙取腿，起
肉去骨；鱼肚用开水浸软，剪丝；猪腰洗
净切开，去脂膜，切片。

. 上述材料一同放入炖盅，加开水适量，
炖盅加盖，小火隔水炖2小时。

. 加盐调味，即可喝汤吃肉。

【营养功效】滋阴补血、美容养颜。

小贴士

鱼胶，又叫鱼鳔或鱼肚，是用黄花鱼、
鳗鱼等鱼类的鱼鳔精制而成的。鱼胶营
养价值很高，用于煲汤具有特殊的滋补
功效。

枸杞子炖羊脑

主料：羊脑600克，瘦羊肉150克，枸杞子15克，桂圆肉15克，姜10克。

辅料：盐、酒各适量。

制作方法

1. 将桂圆、枸杞子洗净；羊脑浸在清水中，撕去薄膜，挑去红筋，洗净；瘦羊肉洗净，切厚片。

2. 把适量水烧滚，放入姜1片，放羊肉、羊脑煮约4分钟，捞起，洗一洗，滴干水。

3. 将羊肉、羊脑、枸杞子、桂圆肉、姜1片放入炖盅内，注入滚水2杯，加入酒，盖上炖盅盖，炖4小时，放盐调味即可。

【营养功效】补脑益智、补肝益肾。

小贴士

羊脑性温，常吃容易上火。多食羊脑容易发风生热，因此，搭配地黄等性寒凉的中药一起使用，能起到清凉、解毒、去火的作用。

白果红枣牛肉汤

主料：白果50克，百合50克，红枣10枚，牛肉300克。

辅料：生姜10克，盐适量。

制作方法

1. 将百合、红枣、生姜分别洗净，红枣去核；白果去壳，用水浸去外层薄膜，再用清水洗净；牛肉用滚水烫后切成薄片。

2. 沙煲内加适量清水，先用大火煲至水滚，放入牛肉、百合、红枣、白果和生姜片，改用小火慢炖。

3. 共煲约1小时，加盐调味即可。

【营养功效】补血养阴、滋润养颜、润肺益气。

小贴士

白果略含毒性，不可长期服用或生食，尤其入药必须去内皮，否则有中毒的危险。咳嗽痰稠者慎用。小儿尤应注意。

枸杞子桂圆猪脑汤

主料： 枸杞子 20 克，桂圆肉、天麻各 30 克，猪脑 600 克。

辅料： 生姜 15 克，盐 5 克。

制作方法

. 将枸杞子、桂圆肉、天麻洗净，浸泡，天
麻切成片。

. 将猪脑轻轻放入清水中漂洗，去除表面黏
液，撕去表面黏膜，用牙签或镊子挑去血丝
筋膜，洗净，放入沸水中稍烫即捞起。

. 加清水适量与枸杞子、桂圆肉、天麻一同
放入炖盅内，炖约 30 分钟。接着加入生姜、
猪脑，回笼炖至猪脑熟透，加盐调味即可。

【营养功效】祛风补脑、补血养心。

小贴士

痰多火盛、慢性胃炎、腹胀、舌苔
厚腻、大便滑泻者忌服。

冬瓜荷叶脊骨汤

主料： 猪脊骨 300 克，猪瘦肉 150 克，冬瓜 500 克，白果 50 克。

辅料： 荷叶 1 张，姜、盐、鸡精各适量。

制作方法

. 将猪脊骨、猪瘦肉斩件，洗净；冬瓜去核
留连皮切件；荷叶洗净；姜去皮。

. 沙锅内放适量清水煮沸，放入猪脊骨、猪
瘦肉，汆去血渍，倒出，用温水洗净。

. 沙锅装适量清水，大火煲沸后，放入猪脊骨、
猪瘦肉、冬瓜、荷叶、老姜、白果，煲 2 小时，
调入盐、鸡精即可食用。

【营养功效】荷叶清热、解暑、祛湿。此汤
尤其适合暑热、头涨胸闷、口渴、尿赤短、
暑热泄泻、脾虚泄泻等患者食用。

小贴士

挑选荷叶以色绿叶大、完整无斑点
者为好，置于通风干燥处保存。除用于
煲汤外，还可用来小炒，清香四溢。

豆腐猪蹄瓜菇汤

主料：豆腐500克，香菇30克，丝瓜250克，猪蹄500克。

辅料：姜片、味精、盐各适量。

制作方法

1. 将香菇以水发泡后洗净；丝瓜削皮洗净切片；猪蹄洗净剁开；豆腐切片。

2. 将猪蹄放入锅中，加水适量煮10分钟，再加入香菇、姜片，改小火炖20分钟。

3. 下丝瓜，加入豆腐块，炖至熟烂离火，调入盐、味精即成。

【营养功效】养血通络、健脾益气、润滑和中、通乳增汁、托疮润肤。

小贴士

因豆腐中含嘌呤较多，对嘌呤代谢失常的痛风病人和血尿酸浓度增高的患者，忌食豆腐；脾胃虚寒，经常腹泻便溏者忌食。

羊肉萝卜汤

主料：草果5克，羊肉500克，豌豆100克，萝卜300克，生姜10克。

辅料：香菜、胡椒、盐、醋各适量。

制作方法

1. 将羊肉洗净，切成2厘米见方的小块。

2. 豌豆拣选后淘洗净，切去头尾；萝卜切厘米见方的小块；香菜洗净，切段。

3. 将草果、羊肉、豌豆、生姜放入锅内，加水适量，置大火上烧开，移小火上煎熬1小时，再放入萝卜块煮熟，放入香菜、胡椒、盐、醋即成。

【营养功效】补虚祛寒、温补气血、温胃消食。

小贴士

人人都可以食用，尤其适合体虚胃寒者食用。

土豆牛肉汤

主料：土豆550克，胡萝卜260克，洋葱150克，芹菜100克，香叶10克，小茴香50克，牛肉250克。

辅料：清汤、盐、胡椒粉、葱花、味精各适量。

制作方法

. 将主料分别洗净，牛肉切片；胡萝卜去皮]花片；洋葱切丝；土豆切块；芹菜切寸段；\茴香切碎末待用。

. 锅内加清汤、小茴香、香叶、牛肉用中火]熟成汤，加胡萝卜片、洋葱头丝、土豆片、芹菜段，小火炖熟。

. 加盐、胡椒粉、味精调味，撒上葱花即可。

【营养功效】温阳补脾、健脾益气、养胃解毒。

小贴士

一般人均可食用。适宜大便燥结、热性胃痛、湿疹、急慢性皮肤病、溃疡等患者饮用。

南瓜红枣排骨汤

主料：南瓜700克，排骨500克，红枣15克，干贝25克。

辅料：姜10克，盐适量。

制作方法

. 将南瓜去皮去核，洗净切厚块；红枣洗净，去核；排骨斩成件。

. 干贝洗净，用清水浸软，约需1小时。

. 将适量水放入煲内煲滚，放入排骨、干贝、南瓜、红枣、姜煲滚，慢火煲3小时，放盐调味即可。

【营养功效】南瓜含有丰富蛋白质、糖类、黄酮类化合物、胡萝卜素、维生素A、维生素C、维生素D、维生素E、维生素P、维生素K、钙、磷、铁、钾、锌、硒等营养素。

小贴士

糖尿病患者可以把南瓜制成南瓜粉，以便长期食用。

麦芽马蹄牛肚汤

主料：麦芽30克，山药30克，马蹄60克，牛肚600克。

辅料：蜜枣5枚，盐5克，姜、食用油、生粉各适量。

制作方法

1. 将麦芽、山药洗净，浸泡1小时；马蹄去皮洗净；蜜枣洗净；牛肚切大件。

2. 将牛肚用开水稍烫，撕去内薄黏膜，用刀刮去墨绿色黏膜，用食用油、生粉反复搓洗，以去除异味，洗净，氽水。

3. 将清水2000毫升放入瓦煲内，煮沸后加入以上用料及姜，以大火煲滚后，改用小火煲3小时，加盐调味即可饮用。

【营养功效】牛肚含蛋白质、脂肪、钙、磷、铁、维生素B_1等；麦芽含淀粉酶、蛋白质、B族维生素、卵磷脂、麦芽糖、葡萄糖等成分

小贴士

牛肚需彻底清洗干净才能食用。

茯苓党参牛肚汤

主料：茯苓、党参、山药各90克，牛肚500克。

辅料：生麦芽150克，陈皮10克，大料、小茴香各10克，生姜15克，红枣10克。

制作方法

1. 牛肚刮去黑衣，洗净，切件；生麦芽、党参、山药、茯苓、陈皮、大料、小茴香、生姜、红枣（去核）洗净。

2. 把牛肚放入滚水锅内，以大火煮滚，改小火先煲30分钟。

3. 再放入其他用料煲2小时，调味即可食用

【营养功效】茯苓为寄生在松树根上的类植物，形状像甘薯，外皮黑褐色，里白色或粉红色。中医入药，有利尿、镇作用。

小贴士

挑选茯苓时，以个圆、体重坚实外皮棕褐色有光泽、断面白色细腻、纹深无裂隙、黏牙力强者为佳。

薏仁山药牛肝汤

主料：薏仁肉 25 克，山药 25 克，牛肝 200 克。

辅料：枸杞子25克，生姜、盐各适量。

制作方法

. 将薏仁肉、山药和枸杞子分别漂洗干净，备用。

. 生姜和牛肝分别洗干净；生姜去皮切片；牛肝切片，备用。

. 瓦煲内加入适量清水，先用大火煲至水滚，然后放入以上全部材料，改用中火煲 3 小时。加入适量精盐调味，即可饮用。

【营养功效】牛肝中维生素 A 的含量远远超过奶、蛋、肉、鱼等食品，具有维持正常生长和生殖机能的作用。

小贴士

选购薏仁时，以表面有浅棕色至暗棕色、深色的网状沟纹的为佳。

主料：山药 25 克，枸杞子 20 克，莲藕 500 克，牛腩 250 克。

辅料：食用油、盐、味精、料酒、陈皮、红枣各适量。

制作方法

. 先将莲藕用清水洗干净，切成块；牛腩洗干净，切成块。

. 再将山药、红枣、枸杞子、陈皮分别去皮、去核用清水浸洗干净。

. 将以上材料及适量食用油一起放入瓦煲内，加入料酒和适量清水，先用大火煲滚，然后改用中火继续煲 3 ~ 4 小时。加盐和味精调味即可。

【营养功效】藕富含铁、钙等微量元素，植物蛋白质、维生素以及淀粉含量也很丰富，有明显的补益气血、增强人体免疫力作用。

小贴士

牛腩含高胆固醇、高脂肪，老年人、儿童、消化力弱的人不宜多吃。

主料：海带100克，牛腩500克，莲藕100克。

辅料：陈皮15克，姜、葱、花椒、食用油、盐、料酒、大料、大蒜各适量。

制作方法

1. 将莲藕洗净淤泥，去皮后切成厚片。

2. 海带在水中浸泡，切条；牛腩切块。

3. 将适量清水与用料一起放入锅内，煮滚后用少量油、盐、姜、葱、花椒、陈皮、大料、料酒和大蒜调味，改用小火煮至牛腩烂熟即可。

【营养功效】海带含碘、藻胶素、昆布素、脂肪、蛋白质、胡萝卜素、维生素B_1、维生素B_2、生物碱等。

小贴士

从市场上买来的海带要先用清水浸泡12～24小时，并彻底予以清洗后才能烹煮食用。

主料：党参15克，黄芪25克，黑豆100克，牛展300克，新鲜莲子10克。

辅料：姜片、陈皮、盐各适量。

制作方法

1. 将黄芪、党参、新鲜莲子、姜片和陈皮分别洗干净；新鲜莲子去硬皮、心，备用；牛展切大块。

2. 先将黑豆放入铁锅中，干炒至豆衣裂开，再洗干净，沥干水，备用。

3. 将新鲜莲子、黑豆、黄芪、党参和陈皮放入瓦煲内，加入适量清水，先用大火煲至水滚，然后放入牛展、姜片，改用中火煲3小时，加入精盐调味，即可饮用。

【营养功效】黑豆对延缓人体衰老、降低血液黏稠度等有效。

小贴士

黑豆可与大米混合煮饭、熬粥，也可用来发黑豆芽，更可制成各种豆制品食用，均具有美容之效。

豆腐银耳猪肉汤

主料: 银耳 25 克，甜杏仁 10 克，豆腐 100 克，猪瘦肉 200 克，玉米粒 50 克。

辅料: 火腿片 10 克，盐适量。

制作方法

将银耳先浸透发开，洗净备用；甜杏仁去
；豆腐、火腿片切成小方块；猪瘦肉切成
状，备用。

瓦煲内加入适量清水，用大火煲至水滚，
后加入银耳、甜杏仁、玉米粒、火腿、猪瘦肉，
用中火煲 1 小时。

最后加入豆腐和适量精盐调味，滚片刻
可。

营养功效】 甜杏仁富含蛋白质、脂肪、糖类、
萝卜素、B 族维生素、维生素 C、维生素
以及钙、磷、铁等营养成分。

贴士

银耳是一种药食同源的食材，但银耳
性作用缓慢，需久食才有效。

芡实白果猪小肚汤

主料: 白果 10 克，芡实 150 克，猪小肚 500 克。

辅料: 陈皮、盐、味精、姜各适量。

制作方法

先将猪小肚翻转用食盐搓擦，用清水洗干
，去除异味。

白果去壳取肉，用清水浸去外层薄膜，洗
净；芡实、陈皮分别用清水浸透，洗干净。

将以上材料及姜一起放入已经煲滚的水中，
续用中火煲 3 小时左右。加盐、味精调味，
可饮用。

营养功效】 猪小肚含有蛋白质、脂肪、碳
化合物、维生素及钙、磷、铁等，适用于
血虚损、身体瘦弱者食用。

贴士

芡实有较强的收涩作用，便秘、尿
者及妇女产后皆不宜食。

沙参山药牛腩汤

主料：沙参50克，山药50克，牛腩肉250克。

辅料：盐、味精、姜、陈皮各适量。

制作方法

1. 将牛腩肉切成方块；沙参切段；山药、陈皮洗净待用。

2. 锅内加水，放入牛腩肉烧滚，使牛腩肉的血水去尽，然后捞出。另烧水，投入牛腩、沙参、山药、陈皮、姜，煲约2小时。

3. 以适量盐、味精调味，装入汤碗即可。

【营养功效】补脾胃、益气血、强筋骨、养阴润肺、益胃生津等。

小贴士

选购沙参时，以条长均匀、质地坚实不空、无外皮、色黄白者为佳。

鸡骨草蜜枣汤

主料：瘦猪肉300克，鸡骨草100克，蜜枣10克，陈皮5克。

辅料：盐适量。

制作方法

1. 鸡骨草、陈皮、蜜枣分别用清水浸洗干净，瘦肉切块。

2. 以上材料放入煲内，加入适量清水，用猛火煲至水滚。

3. 再改用中火继续煲90分钟左右，酌加盐调味即可。

【营养功效】清利温热、消炎解毒、益养肝。

小贴士

鸡骨草种子有毒，不能入药，用必须把豆荚全部摘除。

红丝线瘦肉汤

主料： 鲜红丝线60克（干品30克），猪瘦肉250克。

辅料： 盐适量。

制作方法

将鲜红丝线洗净。

猪瘦肉洗净，切成块。

将以上用料放入锅中，加水适量，煮汤，盐调味即成。

【营养功效】红丝线，别名茜草、四轮草，爵床科植物山蓝的全草，味甘，性淡凉，肺、胃经，有清热、宁咳、止血的功效。

小贴士

猪肉多食可生痰，体胖多痰者慎用，风寒及病初愈者大忌。

柠檬叶猪肺汤

主料： 鲜柠檬叶15克，猪肺200克。

辅料： 盐适量。

制作方法

将鲜柠檬叶洗净；挤出猪肺内的泡沫洗净，成多块。

锅内放水，投入猪肺汆水约2分钟，捞起。

将猪肺放入锅中，加水适量与柠檬叶同煮，至猪肺熟透加盐调味即成。

【营养功效】黑柠檬叶，别名黎檬，为双子植物药芸科植物黎檬的叶，味辛、甘，性温，肺、胃经，有化痰止咳、理气开胃的功效。

小贴士

此汤中柠檬叶必须用当天新采摘的子。

老黄瓜黄豆瘦肉汤

主料：猪瘦肉 200 克，猪脊骨 250 克，老黄瓜 250 克，淡菜 50 克，黄豆 50 克。

辅料：老姜、盐、鸡精各适量。

制作方法

1. 将猪脊骨、猪瘦肉斩件；淡菜、黄豆洗净老黄瓜去核洗净，切段。

2. 沙锅内放适量清水煮沸，放入猪脊骨、猪瘦肉汆去血渍，倒出，用温水洗净。

3. 用沙锅装水，大火煮沸后，放入猪脊骨、猪瘦肉、淡菜、黄豆、老黄瓜、老姜，煲小时，调入盐、鸡精即可食用。

【营养功效】淡菜含有大量碘、丰富蛋白及一些较少有的维生素，对平衡人体内分有良好作用，尤其对甲状腺肿胀有显著的疗功效。

小贴士

脾胃虚寒、腹泻便溏、胃寒病宿者忌食生冷黄瓜；女子月经来潮期间食生冷黄瓜，寒性痛经者尤忌。

二果猪肺汤

主料：罗汉果 15 克，无花果 10 克，猪肺 500 克，苦杏仁 10 克。

辅料：姜、盐各适量。

制作方法

1. 将苦杏仁拣杂，洗净，放入温开水中涨，去皮尖，连同浸泡液放入碗中，备用罗汉果、无花果分别拣杂，洗净，晾干切成片，待用。
2. 将猪肺放入清水中漂洗 1 小时，除杂切成片状，挤尽水分，放入沙锅，加姜清水足量（以浸没肺片为度），以大火煮沸撇去浮沫，烹入料酒，加入苦杏仁，改小火煨煮 1 小时。
3. 待猪肺熟透，放入罗汉果、无花果片继续用小火煨煮 30 分钟，加盐调味即成

【营养功效】无花果，别名天生子、映日果蜜果，为桑科植物无花果的干燥花托，平，味甘，归肺、心、胃三经，有润肺定清利咽喉、健胃润肠的功效。

小贴士

罗汉果是我国特有的珍贵葫芦科物，素有良药佳果之称。

金钱草猪小肚汤

主料：猪小肚 600 克、猪瘦肉 300 克，猪脊骨 300 克，金钱草 50 克。

辅料：老姜、淀粉、盐、鸡精各适量。

制作方法

. 将猪脊骨、猪瘦肉洗净，斩件；猪小肚用盐、
淀粉洗净；金钱草洗净；姜去皮。

. 沙锅内放适量清水煮沸，放猪瘦肉、猪脊
骨汆去血渍，猪小肚汆水，倒出，用温水洗净。

. 沙锅内加入猪小肚、猪瘦肉、猪脊骨、金
钱草、姜，加适量清水，煲 2 小时，调入盐、
鸡精即可食用。

【营养功效】此汤利湿退黄，对湿热黄疸、
水肿、胆石症及传染性肝炎等症状有良好
的功效。

小贴士

金钱草不宜与强心甙同用，否则会引起血钾过高，降低强心甙的疗效。

川贝雪梨猪肺汤

主料：猪肺 250 克，川贝母 12 克，雪梨 1 个。

辅料：盐适量。

制作方法

将雪梨削皮去心，切成块；川贝母洗净。

猪肺洗净，切成块。

将以上用料放入炖盅，加入 650 毫升沸水，
炖盅加盖，隔水炖，等到锅内水开后，先用
大火炖 1 小时，再用小火炖 2 小时，加适量
盐即成。

【营养功效】脾胃虚寒及寒痰、湿痰者慎服
川贝母。

小贴士

川贝母与雪梨、冰糖同食，其化痰止咳、润肺养阴的效果更加明显。

莲子黑豆煲羊肉

主料：羊肉500克，莲子肉100克，黑豆150克，陈皮适量。

辅料：盐适量。

制作方法

1. 先将黑豆放入铁锅中，干炒至豆衣裂开，再洗干净，晾干水，备用。

2. 莲子肉、陈皮和羊肉分别洗干净，羊肉斩件备用。

3. 将以上材料全部一齐放入瓦煲内，加入适量清水，先用猛火煲至水滚，然后改用中火煲3小时，加入适量精盐调味，即可饮用。

【营养功效】黑豆中蛋白质含量高达36%~40%，相当于肉类的2倍、鸡蛋的倍、牛奶的12倍；黑豆含有18种氨基酸，特别是人体必需的8种氨基酸；黑豆还含有19种油酸，其不饱和脂肪酸含量达80%。

小贴士

黑豆如果只是洗了一下，就掉色或者泡的时候水色特深，那有可能是假的。

麦芽马蹄牛百叶汤

主料：牛百叶600克，麦芽30克，马蹄60克。

辅料：山药30克，蜜枣10克，盐适量。

制作方法

1. 麦芽、山药洗净，浸泡1个小时。

2. 马蹄去皮，洗净；蜜枣洗净；牛百叶洗净切件备用。

3. 将清水2000毫升放入瓦煲内，煮沸后加入以上用料，大火煲滚后，改用小火煲3小时加盐调味即可饮用。

【营养功效】麦芽含淀粉酶、转化糖酶、蛋白质、蛋白分解酶、B族维生素、卵磷脂、麦芽糖、葡萄糖等成分。若将本品制成膏，有滋养补益作用。

小贴士

麦芽是大麦经发芽、干燥而成。用或炒用都可。

山楂麦芽猪胰汤

主料： 山楂 20 克，麦芽 30 克，猪胰 250 克，猪瘦肉 250 克。

辅料： 蜜枣 10 克，盐适量。

制作方法

. 将山楂、麦芽洗净，浸泡 1 小时。

. 猪胰洗净切片，汆水；猪瘦肉、蜜枣洗净，猪瘦肉切片。

. 将清水 1800 毫升放入瓦煲内，煮沸后加入以上用料，大火煲滚后，改用小火煲 2 小时。加盐调味即可。

【营养功效】本汤含蛋白质、脂肪等多种营养成分。临床报道，将猪胰绞碎，在 60℃以下减压干燥，加少量甘油搅匀，再加淀粉制成丸剂内服，治疗慢性气管炎、肺气肿疗效显著。

小贴士

猪胰为猪科动物猪的胰。宰杀后，取猪胰鲜用，或捣碎干燥制成粉剂备用。

五加皮牛肉汤

主料： 牛肉 500 克，猪脊骨 500 克，猪瘦肉 200 克，五加皮 15 克。

辅料： 生姜 10 克，红枣 20 克，葱、盐、鸡精各适量。

制作方法

. 将牛肉切好，猪脊骨、猪瘦肉斩件；生姜去皮。

. 沙锅内放适量清水煮沸，放猪脊骨、牛肉、猪瘦肉汆去血渍，倒出，用温水洗净。

. 沙锅内放入牛肉、猪脊骨、姜、五加皮、红枣、葱、猪瘦肉，加入适量清水，煲 2 小时，用盐、鸡精调味即可食用。

【营养功效】此汤有养血祛风、舒筋通络、除痹止痛的疗效。可治头晕目眩、手足麻木、肢体寒冷、面色少华等症。

小贴士

牛肉的肌肉纤维较粗糙而不易消化，因此老人、幼儿以及消化能力不强的人不宜多吃；而皮肤病、肝病、肾病等患者应慎用。

白果腐竹猪肚汤

主料：白果30克，腐竹、酸菜各100克，猪肚500克，姜15克。

辅料：食用油、生粉、盐适量。

制作方法

1. 将腐竹折成2指节长短状，洗净；酸
洗净，浸泡1小时，切条丝状；白果去硬
心及红皮，洗净。

2. 猪肚翻转，用食用油、生粉反复搓洗，
去除黏液和异味，洗净切片，汆水。

3. 将清水2000毫升放入瓦煲内，煮沸后
入姜片、腐竹、白果、酸菜丝、猪肚，大
煲滚后，改用小火煲3小时。加盐调味即可

【营养功效】腐竹的营养素密度比较高，
100克腐竹含有14克脂肪、25.2克蛋白质
48.5克糖类及其他的维生素和矿物元素
腐竹中这三种能量物质的比例非常均衡。

小贴士

腐竹具有良好的健脑作用，它能
防老年痴呆症的发生。

芡实陈皮猪腰汤

主料：山药50克，芡实100克，陈皮适量，猪腰600克。

辅料：盐适量。

制作方法

1. 拣选新鲜猪腰600克，对半剖开，去净
色筋膜、腰臊，洗干净、切块。

2. 山药、芡实、陈皮分别用清水浸透，洗干

3. 将以上材料一齐放入已经煲滚了的水中
继续用中火煲3小时左右。以适量盐调
即可。

【营养功效】补肾、强腰、益气。

小贴士

猪腰质脆嫩，以色浅者为好。

主料：红枣 10 克，玉米 100 克，排骨 500 克，姜 10 克。

辅料：盐适量。

制作方法

将红枣洗净，去核；玉米连衣带须洗净，
件。

排骨洗净、斩件，放入滚水中煮 5 分钟，
起洗净。

水 2000 毫升，放入煲内煲滚，放入玉米、
枣、姜、排骨煲滚，小火煲 3 小时，用盐
味即可

营养功效】滋阴壮阳、益精补血。

贴士

可以将玉米刮粒放入汤中，味道更
甜。

主料：桂花 10 克，黑木耳 100 克，猪肚 250 克。

辅料：盐适量。

制作方法

将猪肚用盐擦过，去除黏液，用滚水烫过，
洗干净切成小块；黑木耳浸软去蒂。

用 2000 毫升清水，先把猪肚放入煲内，
滚后加黑木耳和桂花。

煮至猪肚软熟时，用盐调味即可。

营养功效】化痰止咳，活血，止痛。

贴士

我国产的桂花于 1771 年经广州、印
传入英国，此后在英国迅速发展。

现今欧美许多国家以及东南亚各国
有栽培，以地中海沿岸国家生长为最好。

萝卜黄芪猪肚汤

主料：黄芪15克，猪肚500克，白萝卜250克，芹菜50克。

辅料：生姜10克，蒜头10克，葱白、花椒、大料、食用油、盐各适量。

制作方法

1. 将猪肚擦洗干净，用滚水烫过，切成小
留用；其他用料也洗净；萝卜切碎；芹菜
葱切段；生姜和蒜头捣碎。

2. 用2000毫升水把猪肚煮开，煮滚后去
浮油和泡沫。

3. 然后加入萝卜、芹菜、姜、葱、蒜头、黄芪
花椒和大料，煮至猪肚变软，再用油、盐
味即可。

【营养功效】黄芪补气固表、利水退肿、
毒排脓、生肌。

小贴士

民间也流传着"常喝黄芪汤，防
保健康"的顺口溜，意思是说经常用
芪煎汤或用黄芪泡水代茶饮，具有良
的防病保健作用。

桂圆萝卜煲羊肉

主料：桂圆25克，生姜15克，白萝卜500克，羊肉750克。

辅料：盐适量。

制作方法

1. 将新鲜的羊肉斩件汆水备用；桂圆肉洗

2. 白萝卜去皮，去蒂，切碎；生姜刮皮，
4片，备用。

3. 瓦煲内加入适量清水，先用大火煲至水
然后加入以上全部材料，用中火煲3小时
右。加入适量盐调味，即可饮用。

【营养功效】桂圆含葡萄糖、蔗糖和维生
A、B族维生素等多种营养素，尤其含有
多的蛋白质、脂肪和多种矿物质，这些
养素对人体都是十分必需的。特别对于
心之人，耗伤心脾气血，更为有效。

小贴士

孕妇不宜吃桂圆。

茴香蜜枣猪肚汤

主料：茴香 10 克，蜜枣 15 克，苋菜 200 克，猪肚 500 克。

辅料：生粉、盐适量。

制作方法

1．将猪肚去肥脂、用盐、生粉拌擦，冲洗干净，放入滚水中略煮，取出过冷水切片；苋菜、茴香洗净。

2．用锅煮滚水适量，放入猪肚、茴香、蜜枣用大火煮滚，改小火煲 2 小时。

3．煲至猪肚将烂时，放入苋菜煲滚片刻，用盐调味供用。

【营养功效】茴香所含的主要成分是茴香油，能刺激胃肠神经血管，促进消化液分泌，增加胃肠蠕动，排除积存的气体，所以有健胃、行气的功效；有时胃肠蠕动在兴奋后又会降低，因而有助于缓解痉挛、减轻疼痛。

小贴士

茴香作馅应先用开水汆过。

党参莲子煲鸭肫

主料：党参 25 克，莲子肉 50 克，山药 50 克，腊鸭肫 100 克。

辅料：陈皮、盐各适量。

制作方法

1．将腊鸭肫用水洗干净，切片备用。

2．山药、莲子肉、党参洗净切小段备用；陈皮用清水洗干净。

3．瓦煲内加入适量清水，先用大火煲至水滚，然后放入以上全部材料，改用中火煲 3~4 小时。加入适量盐调味即可。

【营养功效】莲子具有补脾止泻、益肾固精，养心安神等功效。

小贴士

莲子自古以来就是公认的老少皆宜的鲜美滋补佳品。其吃法很多，可用来配菜、做羹、炖汤、制饯、做糕点等。

清热柠檬荷叶瘦肉汤

主料：柠檬20克，瘦肉200克，莲子15克，薏米20克，鸡内金10克。

辅料：荷叶3张，盐适量。

制作方法

1. 将用料洗净刀切后，加适量清水在煲内煮滚，再放瘦肉、莲子、柠檬片、薏米和鸡内金
2. 煮10分钟后再放荷叶，至瘦肉煮软。
3. 用适量盐调味后便可饮用。

【营养功效】柠檬是世界上最有药用价值的水果之一，它富含维生素C、柠檬酸、苹果酸、高量钾元素和低量钠元素等，对人体十分有益。

小贴士

变黄发霉的莲子不可用来煲汤。

鸭梨杏仁瘦肉汤

主料：新鲜鸭梨450克，猪瘦肉400克，甜、苦杏仁各约40克。

辅料：食用油、盐各适量。

制作方法

1. 将鸭梨洗净，去皮除心。
2. 杏仁洗净；猪瘦肉原块洗净备用。
3. 烧滚清水，下猪瘦肉、梨和杏仁。大火煲至大滚，改中火以至小火，煲约2小时用适量食用油、盐调味即成。

【营养功效】止咳平喘，润肠通便。

小贴士

苦杏仁可以对呼吸神经中枢起到一定的镇静作用，具有止咳、平喘的功效，但具有一定的毒性，只食二三十粒已可令人中毒，甚至致命。

山楂莲叶排骨汤

主料： 山楂 20 克，排骨 250 克，乌梅 10 克，生薏米 20 克。

辅料： 荷叶 1 张，食用油、盐各适量。

制作方法

. 将排骨洗净、汆水，斩件；山楂、荷叶、
马梅和生薏米分别用清水浸透、洗干净。

. 将山楂、排骨、乌梅和生薏米放入瓦煲内，
加入适量清水，用大火煲至水滚。

. 然后改用中火煲约 3 小时左右，中途投入
荷叶，最后加食用油、盐调味，即可饮用。

【营养功效】荷叶含有莲碱、原荷叶碱和荷
叶碱等多种生物碱及维生素 C。有清热解毒、
凉血、止血的作用。

小贴士

荷叶清热解暑宜生用，散淤止血宜
炒炭用。

主料： 冬瓜 500 克，排骨 300 克，薏米 100 克。

辅料： 大葱、生姜、醋、盐各适量。

制作方法

. 将薏米筛洗干净；冬瓜去皮后切大块；生
姜切成片；大葱斜切成小段备用。

. 排骨冲洗、切段后放入沙锅，一次性加入
足量的水，约 5 升，大火煮开煮出血沫后用
勺小心捞出血沫直到汤洁净无杂物。

. 把火转为小火，然后将姜片和葱段、薏米
加入锅内，盖上锅盖煲约 1~2 小时，最后半
小时前放入冬瓜，调入适量醋、盐即可。

【营养功效】薏米健脾渗湿、除痹止泻。

小贴士

冬瓜煮的时间不要太长，不然就变
成冬瓜泥。

山楂瘦肉汤

主料：山楂40克，瘦肉300克。

辅料：生姜10克，蜜枣10克，盐适量。

制作方法

1. 将瘦肉切小块，以开水汆烫。
2. 锅内注入所有材料和清水，煮滚后改小火煲2小时。
3. 依个人喜好加适量的盐调味即成。

【营养功效】蜜枣中含大量蛋白质、碳水化合物、胡萝卜素和微生素C，有补血、健胃益肺、调胃之功效。

小贴士

后期加工的山楂都用糖制过，所以还是用鲜山楂好。

罗汉果瘦肉汤

主料：罗汉果20克，猪腿精肉320克。

辅料：陈皮6克，盐适量。

制作方法

1. 将陈皮浸透洗净，猪肉洗净汆水切块、备用
2. 把清水、罗汉果和陈皮同放直身瓦煲内，大火烧滚。
3. 然后下猪肉，再滚起改用小火煲约2小时用盐调味即可。

【营养功效】清热润肺、止咳利咽、滑肠通便。

小贴士

买罗汉果，要以颜色黑褐、有光泽摇时不响者为佳。

番茄玉米猪肝汤

主料：番茄400克，玉米粒120克，猪肝120克，姜20克。

辅料：盐、酱油、生粉、白酒各适量。

制作方法

.将猪肝切片，加入盐、酱油、生粉、白酒拌匀，备用。

.把玉米粒切碎，放入锅内，加入适量清水用小火炖约20分钟，放入番茄、姜片再煲0分钟。

.然后放入猪肝继续煲滚几分钟至猪肝刚熟，加入适量盐调味即可。

【营养功效】补肝、明目、养血。

小贴士

肝是体内最大的毒物中转站和解毒器官，所以买回的鲜肝不要急于烹调，应把肝放在自来水龙头下冲洗10分钟，然后放在水中浸泡30分钟。

何首乌炖牛肉

主料：牛肉500克，猪脊骨200克，何首乌10克。

辅料：老姜5克，红枣5克，盐、鸡精各适量。

制作方法

.先将猪脊骨、牛肉斩件；何首乌洗净。

.沙锅内放适量清水煮沸，放入猪脊骨、牛肉汆去血渍，倒出，用温水洗净。

.用沙锅装水，大火煲沸后，放入猪脊骨、牛肉、何首乌、红枣、姜，煲2小时，调入盐、鸡精即可食用。

【营养功效】牛肉富含锌和镁元素，能增强免疫功能以及肌肉力量，还可提高胰岛素合成代谢的效率。

小贴士

牛肉不能与白酒同食，因为牛肉属甘温之物，补气助火，而白酒属于大热之品，与牛肉相配则如火上加油，容易引起牙龈发炎。

玉竹牛筋汤

主料: 牛筋300克，猪瘦肉200克，猪脊骨200克。

辅料: 玉竹10克，沙参10克，姜10克，红枣20克，盐、鸡精各适量。

制作方法

1. 将猪瘦肉、猪脊骨、牛筋洗净，斩件；玉竹、沙参、红枣洗净；姜去皮，洗净。

2. 沙锅内放适量清水煮沸，放牛筋、猪脊骨猪瘦肉，用中火汆去血渍，倒出，用温水洗净

3. 沙锅内放入牛筋、猪脊骨、猪瘦肉、玉竹沙参、红枣、生姜，加入适量清水，煲2小时，调入盐、鸡精即可食用。

【营养功效】牛筋富含胶原蛋白，对腰膝酸疼、身体羸弱者有良好食疗作用，还能延缓衰老。

小贴士

新鲜牛筋应反复用清水过洗，加姜同煮能去腥。

苹果银耳瘦肉汤

主料: 瘦肉400克，苹果150克，蜜枣10克。

辅料: 银耳、胡萝卜、姜、盐、香油各适量。

制作方法

1. 将瘦肉切小块汆水备用；苹果去核切块；胡萝卜切片。苹果和胡萝卜不用去皮，因果皮营养丰富。但苹果核易上火，要去掉。

2. 在锅中加入约1500毫升水，放入瘦肉、姜苹果、蜜枣及胡萝卜煮开后，再用中小火煲约30分钟。

3. 将银耳洗净，泡软。在起锅前20分钟放入锅中。加适量盐、香油调味即可。

【营养功效】生津润肺、除烦解暑、开胃醒酒、止泻。

小贴士

此款汤易将主、辅料的味道释放出来，所以煲好后不仅汤好喝，瘦肉味道也很鲜美，建议选择后臀尖切较小块。中老年人食用宜选择精瘦肉，儿童食用不妨选择五花肉，汤的口感会更好。

四神猪肠汤

主料： 猪肠500克，薏米150克，山药100克。

辅料： 茯苓25克，芡实25克，盐、味精适量。

制作方法

1. 将猪肠清洗、切段备用。
2. 将猪肠放入水中灼熟。
3. 将薏米、山药、芡实和茯苓用清水冲洗净放入锅中，倒入适量清水，大火烧沸水后，放入猪肠段，继续用小火烧煮30分钟。最后用盐、味精调味即可。

【**营养功效**】降低血糖、滋肾益精。

小贴士

薏米、山药、芡实和茯苓这四位“神仙”汇集在一起可互补，制成的汤水对人体具有养颜、清火、利尿等诸多益处，几乎发挥出了“无敌”的功效，四神之名当之无愧。

杏仁猪肺汤

主料： 猪肺600克，甜杏仁75克，葱13克。

辅料： 姜、盐各8克，味精3克，胡椒粉0.5克，料酒、鸡汤各适量。

制作方法

1. 将猪肺的肺叶、气管用水冲洗干净，不带血液，呈全白色，沥去水分。用开水加料酒和拍破的葱、姜，把肺炖烂，捞出切厚片。
2. 甜杏仁用开水泡涨后去皮，另装入容器中加水，并上屉用大火蒸烂。
3. 将鸡汤注入锅内再把猪肺片和甜杏仁同杏仁汁一并倒入，加入上述辅料，烧开去掉浮沫，用盐、胡椒粉、味精调味即成。

【**营养功效**】猪肺有补虚、止咳、止血之功效。可用于治疗肺虚咳嗽、久咳咯血等症。

小贴士

将猪肺管套在水龙头上，充满水后再倒出，反复几次便可冲洗干净，最后把它倒入锅中烧开浸出肺管内的残物，再洗一遍，另换水煮至酥烂即可。

清补凉瘦肉汤

主料：瘦肉250克，薏米10克。

辅料：莲子5克，山药10克，玉竹5克，芡实5克，盐适量。

制作方法

1. 把瘦肉放入滚水中煮5分钟，取出洗净。
2. 洗净全部清补凉配料。
3. 把适量的请水煲滚，放入全部材料，煲3小时，用盐调味即可。

【营养功效】清甜滋补、祛湿开胃、除痰健肺。

小贴士

传说，秦始皇开始着手平定岭南，随军大夫研发了一种粥，以莲子、百合、沙参、芡实、玉竹、山药、薏米为主料，经过加工后 成浆状食之。服用后人感钅静、精力充沛，食之清热气、补元气、可称清补凉也。

南瓜瘦肉海带汤

主料：南瓜500克，猪瘦肉500克。

辅料：海带20克，盐适量。

制作方法

1. 南瓜老的需去皮、去瓤及子，嫩的不用去皮及其他，只需洗净切件。
2. 海带先浸软切段；瘦肉汆水、切片备用。
3. 以上材料一起煲3小时，至汤清甜、瓜肉香滑，加盐适量调味即可。

【营养功效】瘦肉补虚强身，滋阴润燥、丰肌泽肤。

小贴士

南瓜全身是宝，瓜嫩叶可炒菜或粥；老瓜、嫩瓜均可作菜；南瓜也可当主要食粮。

水产类

主料： 节瓜500克，黄鳝250克，薏米60克，香菇15克。

辅料： 芡实30克，生姜10克，盐、味精各适量。

制作方法

1. 刮净节瓜之青皮，洗净，切成大块；生姜、薏米、香菇洗净，芡实洗净、切成片。

2. 将黄鳝剖洗干净，斩成段，在开水锅内稍煮捞起过冷水。

3. 把全部材料放入开水锅内，大火煮沸后，小火煲1小时，用盐、味精调味即可。

【营养功效】清热祛湿。

小贴士

痢疾、腹胀患者不宜食用。

生地冬瓜鲍鱼汤

主料： 新鲜大鲍鱼1只，冬瓜500克，生地25克。

辅料： 陈皮、盐各适量。

制作方法

1. 新鲜鲍鱼洗擦干净，备用；生地、陈皮分别洗干净。

2. 冬瓜保留冬瓜皮、瓤、仁，切成块。

3. 瓦煲内加入适量清水，先用大火煲至水滚，再放入以上全部材料，改用中火煲2小时，加入适量盐调味即可。

【营养功效】清热解毒、滋阴补肾、疏肝散结。

小贴士

顽癣痼疾之人忌食。

人参茯苓鱼肚汤

主料：发好鱼肚 100 克，鸡肉、瘦猪肉各 50 克，人参 3 克，浮小麦 10 克。

辅料：茯苓、香菇各 5 克，生姜 10 克，料酒、盐各适量。

制作方法

1. 将浮小麦、人参、茯苓浸透洗净，茯苓、人参切片。

2. 鱼肚洗净切成块状或条状；香菇、姜洗净切成片；鸡肉、瘦猪肉洗净切成多块。

3. 以上用料放进炖盅，加适量水，盖盅盖，隔水炖；待锅内的水烧开后，用中火续炖 3 小时，加料酒、盐调味即成。

【营养功效】滋阴补肺、益气补虚、清肺止咳。

小贴士

食欲不振和痰湿盛者忌用。

参芪红枣黑鱼汤

主料：瘦猪肉 300 克，黑鱼 1 条。

辅料：人参 15 克，黄芪 25 克，红枣 20 粒，生姜、食用油、盐各适量。

制作方法

1. 拣选活黑鱼 1 条重 600 克左右，用逆刀削去鱼鳞，去掉鱼鳃，洗净后斩成大件；瘦肉切小块；红枣洗干净，去核；生姜刮去姜皮，洗干净，切 2 片。

2. 另烧锅，以姜、油起锅，放下黑鱼，将鱼身煎至微黄，取出。

3. 人参、黄芪、瘦猪肉分别用清水洗干净，人参、黄芪切片，连同以上全部材料一起放入已经煲滚了的滚水中，继续用中火煲 3 小时左右，加入适量盐调味即可。

【营养功效】大补元气、补肺益气、补血养颜、养心安神。

小贴士

适用于身体虚弱、低蛋白血症、脾气虚、营养不良、贫血之人食用。

荜拨花椒鲤鱼汤

主料： 荜拨5克，花椒10克，鲤鱼100克。

辅料： 姜、香菜、料酒、葱、盐各适量。

制作方法

1. 将荜拨、花椒装入药袋；鲤鱼宰杀后，去肠肚，洗净；姜切片；葱切葱花。
2. 上述材料一同放入沙煲，加生姜、料酒和适量水，大火煮沸后，小火煲至鲤鱼熟烂。
3. 取出药袋，加香菜、葱、盐调味，即可喝汤吃肉。

【营养功效】降脂减肥、利水消肿。

小贴士

皮肤湿疹等疾病之人忌食。

天麻川芎鲤鱼汤

主料： 天麻50克，川芎、茯苓各10克，鲤鱼1条。

辅料： 葱、姜、盐各适量。

制作方法

1. 将天麻、川芎、茯苓分别洗净；葱切成段，姜切成片。
2. 鲤鱼去鳞、内脏，洗净。
3. 上述材料一同放入沙锅内，加水适量，大火煮沸后，小火煲2小时，加盐调味，即可喝汤吃肉。

【营养功效】降脂减肥。

小贴士

阴虚火旺者禁食。

主料：鳙鱼头1个，山药30克，党参20克。

辅料：枸杞子15克，红枣6克，姜15克，食用油10毫升，盐适量。

制作方法

将山药、枸杞子、党参洗净，浸泡；红枣核，洗净。

鳙鱼头开边、去腮、洗净，烧锅，下食用油、片，将鱼头两面煎至金黄色。

放入沸水适量，待鱼汤滚至白色，加入山药、杞子、党参、红枣，煲30分钟，加盐调即可。

【营养功效】健脑益智、益气养血。

小贴士

过多食用红枣会引起胃酸过多和腹胀。

主料：香菜120克，鲫鱼1条，制香附15克，香砂仁15克。

辅料：山药9克，枳子9克，盐适量。

制作方法

将制香附、青砂仁洗净，全部装入药袋。

鲫鱼洗净，去肠杂；香菜洗净；山药、枳洗净去皮，山药切片，枳子亦切片。

上述材料一同放入沙锅内，加水适量，大煮沸后，小火炖2小时，取出药袋，加盐味，即可喝汤吃肉。

【营养功效】利水消脂、减肥养颜。

小贴士

鲫鱼不宜和猪肝、鸡肉同食。

虫草鲍参汤

主料：鲍鱼1只，海参40克，香菇20克，冬虫夏草5克。

辅料：料酒15毫升，桂圆10克，食用油、盐各适量。

制作方法

1. 将海参用温水浸透洗净，切成长块；香菇、冬虫夏草用温水浸泡，洗净；桂圆去壳、核；鲍鱼去壳洗净。
2. 上述材料一同置于炖盅，加料酒、适量清水，炖盅加盖，隔水慢炖。
3. 待锅内水开，用大火炖1个小时，再用小火炖2个小时；除去药渣，加入熟油、盐调味即可。

【营养功效】养颜补血、润泽肌肤。

小贴士

鲍鱼内侧比较脏，要仔细清洗，煲出来的汤才不会带泥味。

沙参玉竹甲鱼汤

主料：甲鱼1只，沙参25克，玉竹25克。

辅料：陈皮5克，桂圆肉15克，红枣10克，盐适量。

制作方法

1. 先将甲鱼1只(重500克左右)放入滚水中，使其排尽尿液，然后刷洗干净，去除内脏斩件备用。
2. 沙参、玉竹、陈皮、桂圆肉和红枣分别洗干净；红枣去核，备用。
3. 瓦煲内加入适量清水，先用大火煲至水滚，然后放入以上全部材料，改用中火煲3小时，加入适量盐调味，即可饮用。

【营养功效】润肺、养胃生津、滋补身体。

小贴士

一般人群均可食用。

主料：黄芪 30 克，乌龟 300 克。

辅料：红枣、生姜各 10 克，葱、盐、食用油适量。

制作方法

. 将黄芪、红枣分别洗净，红枣去核；生姜刀丝；葱洗净切段；乌龟杀死、去龟甲、内脏，洗净、切成块。

. 起油锅放入乌龟、姜，炒至半熟。

. 上述材料一同放入沙煲，加清水适量，大火煮沸后，小火煲 1 小时，加盐调味即可喝汤吃肉。

【营养功效】养血补气、养阴润燥、美容养颜。

小贴士

龟肉不宜与酒、果、瓜、猪肉、苋菜同食。

主料：西洋参 50 克，无花果 20 克，黑鱼 1 条。

辅料：姜、盐各适量。

制作方法

. 先将黑鱼剖洗干净，去净鱼鳞、鱼鳃，斩成段，冲洗干净；西洋参切片；西洋参和无花果分别用清水洗干净，无花果切开边。

. 用油起锅，放下黑鱼，将鱼身煎至微黄色以除腥味。

. 西洋参和无花果连同黑鱼及姜放入已经煲滚的水中，继续用中火煲 2 小时左右，以适量盐调味即可。

营养功效】益气生津、健脾补虚、养阴清热。

小贴士

阳虚体质者不要饮用。

淮杞玉竹牡蛎汤

主料： 牡蛎500克，山药50克，玉竹30克，枸杞子20克。

辅料： 姜、盐各适量。

制作方法

1. 将山药、枸杞子、玉竹洗净，浸泡1小时；牡蛎洗净，沥干水。
2. 烧锅，将牡蛎、姜片放入干爆5分钟，铲起备用。
3. 将清水适量放入瓦煲内，煮沸后加入以上用料，大火煲滚后，改用小火煲2小时，加盐调味即可。

【营养功效】益智安神、健脾补血。

小贴士

海鲜过敏者不宜食用。

百合甲鱼汤

主料： 甲鱼1只，鸡肉100克。

辅料： 百合15克，枸杞子3克，生姜、盐、料酒各适量。

制作方法

1. 将百合、枸杞子洗净，用清水浸泡；鸡肉切成块。
2. 将甲鱼洗净，除去内脏、切块，用热水烫洗
3. 上述材料一同放入炖盅，再将生姜、盐、料酒放入，加水适量，炖至甲鱼烂熟即可。

【营养功效】滋阴养血、清心安神。

小贴士

肠胃炎、胃溃疡、胆囊炎等消化系统疾病患者不要食用。

青葙子鱼片汤

主料：鱼肉 150 克，豆腐 150 克。

辅料：青葙子 12 克，蔬菜、盐各适量。

制作方法

1. 将鱼肉切成片；豆腐切成厚片；蔬菜洗净，切整齐。

2. 将青葙子用清水适量，以中火约煎 1 小时，煎至约 800 毫升，去渣留汁备用。

3. 鱼片放在碗内，用汤汁搅拌一下，然后放入锅内，加入青葙子汁，再放入豆腐。待豆腐煮至浮起时，再放蔬菜，然后加盐调味，再煮片刻即成。

【营养功效】强肝明目、祛风解毒、润肤。

小贴士

肝肾阴虚之目疾及青光眼患者忌服此汤。

红枣田螺汤

主料：车前子 30 克，红枣 15 克，田螺（连壳）1000 克。

辅料：葱段、胡椒粉、盐、味精各适量。

制作方法

1. 先用清水静养田螺 1 ~ 2 天，经常换水洗去污物，斩去田螺壳顶尖；红枣（去核）洗净。

2. 用纱布另包车前子，与红枣、田螺一同放入锅里，加清水适量，大火煮沸。

3. 改小火煲 2 小时，加入胡椒粉、葱段、盐、味精调味即成。

【营养功效】利水通淋、清热祛湿。

小贴士

脾胃虚寒、便溏腹泻者忌食。

参芪泥鳅汤

主料： 泥鳅250克，黄芪30克，党参30克，山药30克。

辅料： 红枣10克，生姜10克，盐、味精、食用油各适量。

制作方法

1. 泥鳅用清水养1～2天以去泥污，剖去鳃及内脏，用适量盐腌去黏液，再用开水拖过。
2. 泥鳅下油锅放姜爆香，铲起备用。
3. 将黄芪、党参、红枣（去核）、山药、生姜洗净，与泥鳅同放入沙煲里，加清水适量，用小火煲2小时，用盐、味精调味即可食用

【营养功效】健脾除湿、补益气血。

小贴士

泥鳅不宜与狗肉、蟹类同食；阴虚火盛者忌食泥鳅。

灵芝丹参鲍鱼汤

主料： 灵芝15克，丹参15克，红枣10克，鲜鲍鱼1只。

辅料： 姜、葱、米酒、胡椒粉、盐各适量。

制作方法

1. 将灵芝润透，切片；丹参加水750毫升，煎至250毫升，去渣取汁；红枣洗净，去核
2. 鲍鱼去壳，洗净，在鲍鱼肉的表面切刀花
3. 将药汁、灵芝、红枣、鲍鱼、姜、葱、米酒一同放入炖盅，加水适量，隔水炖2小时加胡椒粉、盐调味即可。

【营养功效】延年益寿，益气安神，活血止痛。

小贴士

尿酸过高及痛风患者不宜食用，只能去肉喝汤。

山药百合煲黄鳝

主料：黄鳝 2 条，山药 25 克，百合 25 克。

辅料：红枣 2 个，莲子 25 克，盐、味精适量。

制作方法

将黄鳝去内脏、洗净、切段备用。

将黄鳝汆水，将山药、红枣、莲子、百合洗净；或去皮、或去核、或切块、或切片。然后，与黄鳝段同放在煲内，煲 2 个小时，用盐、味精调味即可。

【营养功效】黄鳝具有降低血糖和调节血糖的功效，对糖尿病有较好的治疗作用。

小贴士

黄鳝广泛分布于全国各地的湖泊、河流、水库、池沼、沟渠等水体中，特别是珠江流域和长江流域，更是盛产黄鳝的地区。黄鳝不仅为席上佳肴，其肉、血、头、皮均有一定的药用价值。

酿鲫鱼豆腐汤

主料：鲫鱼 1 条，豆腐 100 克，猪肉馅 50 克。

辅料：食用油、葱、姜末、蒜、盐、高汤、味精、料酒各适量。

制作方法

将豆腐切成骨牌块，用开水烫一下；鱼收拾干净，两面都剞上花刀。

将猪肉馅和葱、姜末、盐、料酒拌匀，酿入鱼肚内。

炒锅上火烧热，加底油，用葱、姜、蒜炝锅，加入高汤，汤开后放入鱼和豆腐，加适量的盐，用急火炖，鱼熟后放入味精调味即可。

【营养功效】健脾利湿、和中开胃。

小贴士

感冒发热期间不宜多吃鲫鱼。

三色鱼头汤

主料：鲜鱼头1个，香菇10克，胡萝卜20克，白豆腐50克，生姜5克，葱5克。

辅料：料酒、食用油、盐、味精、胡椒粉各适量。

制作方法

1. 将鱼头去净鳃、鳞洗净，斩成块；香菇去蒂；胡萝卜去皮切片；白豆腐切块；生姜去皮切片；葱切段。

2. 锅内加油，放入姜片、鱼头，用小火煎至稍黄，攒入料酒，注入清汤，用中火煮滚。

3. 待滚至汤白时，加入香菇、胡萝卜、白豆腐，调入盐、味精、胡椒粉、葱段，3分钟后起锅盛入汤碗内即可食用。

【营养功效】暖胃和中、生津润燥。

小贴士

脾胃虚寒、腹泻便溏者忌食豆腐。

虾丸蘑菇汤

主料：鲜蘑菇250克，虾仁150克，生菜150克。

辅料：姜、料酒、盐、味精、鲜汤各适量。

制作方法

1. 将鲜蘑菇洗净，入沸水锅中汆透捞出沥水，切成小丁；生菜切成段；虾仁洗净，斩成虾末，放入碗内，加水、料酒、盐搅匀成虾仁馅料。

2. 在沙锅内放入大半锅水，将虾仁馅挤成虾仁丸子放入锅内，用小火将虾仁丸子慢慢煮熟，然后用漏勺捞出。

3. 炒锅上火，倒入鲜汤，下蘑菇丁、料酒、姜、盐、生菜、味精煮沸，再下虾仁丸子，待汤再沸时出锅盛入大汤碗即成。

【营养功效】益神开胃、补脾益气。

小贴士

孕妇、心血管病患者、肾虚阳痿、腰脚无力者尤其适合食用虾仁。

花瓣鱼丸汤

主料：鲜鱼肉 200 克，白菊花瓣 25 克，菠菜叶 25 克。

辅料：鸡蛋清、盐、食用油、鸡汤、料酒、味精、白胡椒粉、淀粉、鸡油、葱、姜各适量。

制作方法

1. 将菊花瓣、菠菜叶分别洗净，沥干水分；葱切段，姜切片。鲜鱼肉放在砧板上用刀剁成鱼糜，放入盆内，依次加入盐、味精、白胡椒粉、蛋清及适量熟油，顺一个方向搅匀，成糊状待用。
2. 不锈锅上火，烧热加入温水，把鱼糜挤成丸子下入锅内，火力不要过旺，待水烧开，即将鱼丸捞出备用。
3. 炒锅上火烧热，加入底油，下葱、姜煸炒出香味，捞出葱、姜，加入鸡汤、味精、白胡椒粉、料酒，用淀粉勾芡，再将鱼丸、菠菜叶、菊花瓣放入，淋适量鸡油即成。

【营养功效】和胃平肝、益气养血。

小贴士

菊花性凉，气虚胃寒、食少泄泻者慎食。

虾丸银耳汤

主料：银耳 100 克，虾肉 150 克。

辅料：盐、味精、高汤、料酒、淀粉各适量。

制作方法

1. 将银耳洗净放在碗内，用凉水浸泡涨发回软后，去净老根，摘成朵状。
2. 将虾肉用刀剁成糜，放在碗内，加料酒、盐、味精、适量清汤、淀粉，顺一个方向搅匀，再挤成丸子，放入温水锅中，用小火加热，煮至断生捞出。
3. 另用不锈钢锅加高汤，放入银耳，上小火煮 15 分钟，再放入虾丸，加盐、味精找好口味，转中火烧开后，盛入碗内即可。

【营养功效】温补肾阳、润肠益胃。

小贴士

外感风寒、出血症、糖尿病患者慎食银耳。

草鱼豆腐汤

主料： 草鱼 1 条（约 500 克），豆腐 250 克，青菜心 500 克。

辅料： 胡椒粉、盐、味精、料酒、生姜片、葱段、食用油、鲜汤各适量。

制作方法

1. 将草鱼去鳞、鳃，洗净去骨，切成厚片。
2. 豆腐洗净，切成厚片；青菜心洗净，切整齐
3. 炒锅上火，放油烧热，下入葱段、生姜片煸炒几下，加入料酒、鲜汤、盐、味精、胡椒粉及豆腐，烧开后放入青菜心、草鱼片，煮 5 分钟即成。

【营养功效】健脑益智，健脾消肿。

小贴士

适合身体瘦弱、食欲不振者食用。

紫菜虾干汤

主料： 虾干 50 克，紫菜 25 克，鸡蛋 1 个，白菜叶 50 克。

辅料： 葱末、食用油、盐、味精、香油各适量。

制作方法

1. 将虾干用温水泡软洗净；鸡蛋磕入碗内调匀；紫菜撕碎放入汤碗中；白菜叶切成丝。
2. 炒锅上火烧热，加入底油，放葱末煸炒出香味，加入适量的开水，再放入虾干，用小火煮至熟透后，加入盐、白菜叶和紫菜。
3. 再淋入鸡蛋液，待鸡蛋花浮于汤表面加入味精、香油即可。

【营养功效】清热化痰、温补肾阳。

小贴士

消化功能不好、素体脾虚者应少食紫菜。

三鲜汤

主料：水发鱿鱼 50 克，虾仁 50 克，黄瓜 50 克，番茄 50 克。

辅料：清汤500毫升，料酒10毫升，姜丝、水淀粉 10 克，盐、味精、鸡蛋清各适量。

制作方法

. 将鱿鱼洗净后，切花；虾仁洗净，去肠泥，
历干水分，放入适量盐、蛋清、5 毫升料酒、
水淀粉拌匀上浆；黄瓜洗净，切片。

. 把上浆后的虾仁、鱿鱼、黄瓜片分别放入
沸水中氽熟，捞出放入汤碗中，放入番茄备用。

. 锅中倒入清汤，放入料酒、姜丝、盐，煮
沸后放入味精，浇在汤碗内即成。

营养功效】滋阴养胃、补虚润肤。

小贴士

干鱿鱼以身干、坚实、肉肥厚，呈鲜
艳浅粉色，体表略现白霜为上品。

酸辣鳝丝汤

主料：鲜黄鳝 100 克，瘦肉 50 克，青椒、番茄各 150 克。

辅料：葱、姜、鸡汤、米醋、香菜、胡椒粉、味精、盐、猪油、料酒各适量。

制作方法

将黄鳝切丝；瘦肉切丝；青椒洗净切丝；
番茄洗净切薄片。

烧热锅，下猪油，放入鳝丝、肉丝煸炒至
散，随即放料酒，加鸡汤或其他鲜汤，下
姜、青椒丝、番茄片加盖，烧沸，用中火
15 分钟。

加盐、味精、胡椒粉、米醋入锅中，撒上
断的香菜即可食用。

营养功效】补气养血、健脾益肾。

小贴士

黄鳝的血液有毒，误食会损伤人的
经系统。

三鲜鱿鱼汤

主料：鱿鱼150克，猪里脊肉50克，菜心100克。

辅料：大葱、生姜各5克，食用油、清汤、料酒、胡椒粉、盐、味精、碱水各适量。

制作方法

1. 鱿鱼用碱水泡发30小时，洗净后切片。

2. 菜心洗净；猪里脊肉切片；葱洗净切段；姜洗净，切片。

3. 炒锅置大火上，加食用油，放入葱、姜炒出香味，然后加清汤、鱿鱼、肉片、料酒、盐烧开后撇去浮沫，再加菜心、味精、胡椒粉，待煮沸后即可起锅。

【营养功效】此汤具有缓解疲劳、恢复视力、改善肝功能等功效。

小贴士

头晕、贫血、老人燥咳无痰、大便干结者不宜多食猪肉。

丝瓜鲜菇鱼尾汤

主料：丝瓜250克，草鱼尾300克，鲜菇150克。

辅料：姜、葱各8克，盐、食用油适量。

制作方法

1. 将丝瓜刨去皮，洗净，切角形；鲜菇洗净茹脚的泥，每粒切开边；草鱼尾洗净，沥干水，用适量盐腌15分钟。

2. 放油10毫升，爆香姜、葱，放水约25毫升煮滚，放鲜菇煮3分钟，捞起，用清水洗一洗，沥干水。

3. 锅中加入水烧滚，放入鱼尾煮约15分钟放丝瓜、鲜菇煮熟，放盐调味，汤面之除去即可食用。

【营养功效】补中益气、补虚消疲。

小贴士

鲜菇尤其适宜免疫力低下、高血压糖尿病患者食用。

海带西洋菜黑鱼汤

主料：海带25克，西洋菜250克，黑鱼1条。

辅料：盐、味精、姜、食用油各适量。

制作方法

将黑鱼整条杀好洗净，斩成大块；西洋菜洗净、切段；海带洗净、切段，加入适量水浸泡。

锅内加油烧滚，放姜片，投入黑鱼块煎至金黄色。

加入适量清水烧滚，然后将海带、西洋菜放入同煮约30分钟，用盐，味精调味即成。

营养功效】祛湿清热、和胃通便。

贴士

肺燥热所致的咳嗽、咯血、鼻子出血、月经不调者适宜多食西洋菜。

鲫鱼豆腐汤

主料：鲫鱼1条，豆腐400克。

辅料：料酒、香菜、姜片、葱、盐、味精、食用油、淀粉各适量。

制作方法

将豆腐切成厚片，用沸水烫5分钟后沥干备用；鲫鱼去鳞、肠杂、洗净，抹上料酒，腌渍10分钟。

锅内加油烧至五成热，爆香姜片，鱼下锅两面煎黄。

锅中加适量水，用小火煮30分钟，再投入豆腐片，加盐、味精调味后勾薄芡，并撒上葱花，根据口味爱好也可撒上香菜碎末等即可食用。

营养功效】此汤有健脾利湿、和中开胃、活血通络等功效，并有通乳作用，适宜产妇食用。

贴士

此汤适用于虚火旺盛之牙痛、牙龈痛等，尤其对咽喉痛有效。

丝瓜虾皮蛋汤

主料： 嫩丝瓜200克，虾皮15克，鸡蛋2个。

辅料： 香油、盐、味精、食用油各适量。

制作方法

1. 将丝瓜洗净切滚刀片；虾皮拣除杂质漂
一遍；鸡蛋磕碗内打散。

2. 铁锅上火加油烧热，下入丝瓜炒片刻。

3. 加水500毫升，下虾皮烧沸，淋入蛋液，
见鸡蛋成絮状浮起汤面时调入盐和味精，
上香油即成。

【营养功效】虾皮含蛋白质较高，还含有
富的抗衰老的维生素E等。常食虾皮能补
壮阳、填精通乳。

小贴士

凡骨质疏松症患者、各种缺钙者
别是孕妇、老人及小孩宜经常食用虾皮。

葱头大虾汤

主料： 虾500克，葱头100克，面粉100克，大蒜25克，香菜15克。

辅料： 白兰地酒、葡萄酒各50毫升，食用油、盐、胡椒粉、牛肉汤各适量。

制作方法

1. 大虾去头、皮，除掉沙肠，洗净切成片，
用牛肉汤加食盐煮熟备用。

2. 用食用油把葱头丝、大蒜瓣炒出香味，
上香菜末备用。

3. 用食用油炒面粉，至微黄出香味时，用
沸的牛肉汤冲之，搅匀微沸后，再放上炒
的葱头、蒜末和煮熟的虾片，加盐、胡椒
调剂口味，加入白兰地酒和白葡萄酒后微
即可食用。

【营养功效】温中散寒，壮阳补肾。

小贴士

虾忌与某些水果同食，如葡萄、石
山楂、柿子等。

主料： 鳝鱼肉 50 克，鸡肉 50 克，鸡蛋 1 个，面筋 15 克。

辅料： 水淀粉、胡椒粉、味精、酱油、陈醋、大葱、生姜、香油、盐、鸡汤各适量。

制作方法

将鳝鱼肉洗净切成丝；鸡肉切成丝；面筋刀成条；姜切成丝；鸡蛋打入碗中搅匀。

锅中放入鸡汤 500 毫升，烧开放入鳝鱼丝、鸟丝、面筋条，加入酱油、陈醋、姜丝、盐，煮沸打入鸡蛋成花，加入水淀粉勾芡。

加上胡椒粉、味精、香油、葱花即成。

【营养功效】温中补虚。

小贴士

一般人群均可食用。瘙痒性皮肤病、痼疾宿病、腹胀属实者忌食。

主料： 五香豆腐干 250 克，虾米 20 克，香菇 40 克，鲜草菇 100 克，竹笋 50 克，粉丝 20 克，紫菜 10 克。

辅料： 盐、食用油、味精各适量。

制作方法

将五香豆腐干切丝；香菇浸软，去蒂，洗净；鲜草菇洗干净切片，用沸水氽一下；竹笋洗净，切成丝；粉丝剪断浸软；虾米浸软。

先将虾米放油锅中爆香，注入清水适量，然后下香菇、竹笋煮沸约 15 分钟。

下五香豆腐丝、粉丝和紫菜、鲜草菇，再沸时加盐、味精调味即可。

【营养功效】补肾壮骨、补钙降脂。

小贴士

一般人群均可食用。患有皮肤疥鲜者忌食。

山药鱼片汤

主料：山药 20 克，鱼肉 250 克，海带、豆腐各适量。

辅料：葱、胡椒粉、盐各适量。

制作方法

1. 将山药洗净，研成粉末；豆腐切块，海带切丝；鱼肉洗净，切成片。
2. 锅中加适量水，放入海带丝和山药粉、豆腐块，大火煮沸。
3. 最后放入鱼片，煮熟后加入葱花、胡椒粉、盐等调味，即可喝汤吃肉。

【营养功效】健脾益胃、滋补强身。

小贴士

选购山药时以条粗质实、光滑均匀、色白粉性足者为好。

陈皮汤浸鲮鱼

主料：鲮鱼 1 条，陈皮 20 克。

辅料：盐、食用油、姜、葱、味精各适量。

制作方法

1. 将鲮鱼剖、洗干净。
2. 用陈皮和姜葱加油起锅，放入鲮鱼，加水稍煮。
3. 加入葱花，用盐、味精调味，小火烧开即可食用。

【营养功效】益气血、健筋骨、通小便。

小贴士

适宜体质虚弱、气血不足、营养不良之人食用。

鱼滑浸油麦菜

主料： 油麦菜500克，鱼滑150克。

辅料： 老姜、盐、食用油、味精各适量。

制作方法

先将油、姜、盐放在水里起锅。

水烧开后放入鱼滑。

再放入油麦菜，一起煮开，用味精调味即可。

【营养功效】清燥润肺、化痰止咳。

小贴士

油麦菜食用方法以生食为主，可以凉拌，也可蘸各种调料，熟食可炒食，可涮食，味道独特，是一种低热量、高营养的蔬菜。注意的是要保持油麦菜鲜嫩脆的口感和特有的风味，火候比较重要。

主料： 鱼肉250克，豆腐150克，大白菜250克。

辅料： 盐、食用油、味精各适量。

制作方法

在锅里加入切好的豆腐煮开。

然后倒入切好的大白菜。

倒入剁好的鱼蓉，煮熟后用盐、油、味精调味即可。

【营养功效】补脾益气、清热润燥。

小贴士

一般人群均可食用，胃寒腹痛、大便溏泄及寒痢者不可多食。

海鱼冬瓜汤

主料： 海鱼500克，冬瓜250克。

辅料： 姜、食用油、盐、味精各适量。

制作方法

1. 将冬瓜切成薄片。

2. 将海鱼洗净，然后放锅里加食用油烧热煎香。

3. 加水煮香，加冬瓜煮15分钟。煮到汤色变成奶白，加老姜、盐、食用油、味精煮开即可。

【营养功效】清热解毒、利水消痰、除烦止渴、祛湿解暑。

小贴士

脾胃虚弱、肾脏虚寒者忌食。

香菜豆腐鱼头汤

主料： 鱼头1个，豆腐150克，香菜250克。

辅料： 食用油、姜、盐、味精各适量。

制作方法

1. 将香菜切开数段；然后将鱼头剁开，烧锅加食用油、姜爆香，将鱼头煎香。

2. 煎透后，加汤、加入豆腐再煎。

3. 把豆腐切碎，加水滚至奶白色，加盐、味精调味，最后加香菜即可食用。

【营养功效】温中补气、暖胃润肤。

小贴士

热毒壅滞者不宜食用。此汤具有清热去火的功效。鱼头选用一般的家鱼鱼头，或者也可以选用专用的大头鱼。

葫芦瓜鱼片汤

主料：葫芦瓜500克，鱼柳250克。

辅料：食用油、盐、味精、老姜适量。

制作方法

将葫芦洗净、去皮、去瓤、切薄片，鱼肉
斗刀切双飞片。

烧锅放食用油、姜爆香，将葫芦瓜炒香，
I水煮开调味，鱼片放在葫芦瓜上，浇上热
汤用适量盐、味精调味即可。

【营养功效】健脑生津。

小贴士

葫芦是优质蔬菜，可做成多种菜品
有芦瓜含有较多维生素C、葡萄糖等营
养物质，尤其是钙的含量极高，富含水分，
有润泽肌肤的作用。一般人均可食用

葛根煲鲮鱼

主料：葛根500克，鲜鲮鱼1条。

辅料：食用油、盐、味精、老姜适量。

制作方法

将鲮鱼剖开、洗净、稍切一下，葛根切开
成大块。

将鲮鱼放在锅里，两面煎香。

烧锅加食用油、姜爆香，将葛根放入炒香，
J入鲮鱼，烧30分钟用盐、味精调味即可。

【营养功效】鲮鱼富含丰富的蛋白质、维生
素A、钙、镁、硒等营养元素。

小贴士

购买葛根时，留意两端露出红色肉
的为佳品，此汤适合在春天饮用。

主料：嫩木瓜500克，鱼尾1条。

辅料：食用油、盐、味精、老姜适量。

制作方法

1. 将鱼尾去鳞洗净切几刀；木瓜切开件。
2. 将鱼尾放入猛火下的油锅里，两面煎香。
3. 加水煮开，放入姜、木瓜，煮30分钟用盐味精调味即可。

【营养功效】消食、驱虫、清热、祛风。

小贴士

此汤是农家孕妇产后的催奶汤之一

主料：黄鳝3条，竹荪250克，大白菜50克，韭黄50克。

辅料：青红椒、花雕酒、食用油、盐、胡萝卜、香油、胡椒粉、味精、白萝卜各适量。

制作方法

1. 将黄鳝剖开、去肠杂、去骨后洗净、切丝放入姜丝、食用油爆香后的油锅内，煸炒后备用。
2. 锅内下底油烧至七成熟，放入姜丝，青红椒丝、花雕酒爆香，放入萝卜丝、竹荪，大白菜煸炒1分钟。
3. 加入黄鳝和适量清水，煮熟后加盐、韭黄用盐、味精、胡椒粉、香油调味即可。

【营养功效】鳝鱼含丰富维生素A，能增进视力，促进皮膜的新陈代谢。

小贴士

黄鳝宜现杀现烹，死后的黄鳝体内的组氨酸会转变为有毒物质，故所加工的黄鳝必须是活的。

天白菇响螺汤

主料：响螺400克、天白菇30克，猪瘦肉300克，猪脊骨300克。

辅料：生姜10克，盐、鸡精各适量。

制作方法

1. 将天白菇洗净，切件；响螺肉洗净，切片；猪瘦肉、猪脊骨切件；姜去皮。

2. 沙锅内放适量清水煮沸，放猪脊骨、猪瘦肉汆去血渍，倒出，用温水洗净；响螺、天白菇入沸水中汆水。

3. 在沙锅内放天白菇、响螺肉、猪瘦肉、猪脊骨、姜，加入适量清水，煲2小时，调入盐、鸡精即可食用。

【营养功效】此汤有益肠胃、化痰理气的功效，不但能补充维生素D，又可预防软骨症。

小贴士

花菇是所有菇类中最名贵的，当中又以天白菇为上等。天白菇肉厚，底色为白色，菇面上有花纹，花纹越密越白者售价越高。

清汤浸鱼蛋

主料：菜心300克，鱼蛋15克。

辅料：盐、味精、姜适量。

制作方法

1. 菜心去掉花，成为菜远；然后将鱼蛋切开。

2. 清汤内放入鱼蛋、姜片、菜心，用盐、味精调味煮熟即可。

【营养功效】鱼子是一种营养丰富的食品，其中有大量的蛋白质、钙、磷、铁、维生素，富含胆固醇，是人类大脑和骨髓的良好补充剂、滋长剂。鱼子中磷酸盐含量高，是人脑及骨髓的良好滋补品。

小贴士

儿童吃鱼蛋不仅不会使人变笨，而且对大脑的发育很有好处，应让孩子多吃。

红枣煲黑鱼

主料：黑鱼1条，红枣10克，山药15克，枸杞子5克。

辅料：食用油、盐、味精、老姜适量。

制作方法

1. 将黑鱼剖、洗干净，然后放在油锅里煎香
2. 双面煎至金黄色，加水，加红枣。
3. 烧开至汤水发白，加入山药、枸杞子、老姜煮30分钟用盐、味精调味即可。

【营养功效】祛淤生新、清热祛风、补肝益肾。

小贴士

红枣在全国各地农村都有培育，除了拿来做菜，也可以用来制作各种各样的饮品。

虾干浸丝瓜

主料：丝瓜500克，虾干15克。

辅料：老姜、盐各适量。

制作方法

1. 将丝瓜去皮、去核、洗净、滚刀切件。
2. 虾干干锅爆香，加入姜丝、清水煮开。
3. 加丝瓜煮开后用盐调味即可。

【营养功效】消热化痰、凉血解毒、解暑除烦。

小贴士

虾干营养十分丰富。虾类的产地主要集中在我国东南沿海一带。其中粤东、闽南的虾干以鲜美甘甜著称，罗氏虾、竹节虾晒出来个头大，肉质鲜美，气味鲜香，所以称之为虾干，食用时先用清水泡一下，然后按照自己喜欢的方式烹饪即可。

橄榄螺头汤

主料：净海螺头400克，橄榄150克，姜10克，鸡汤2000毫升，瘦肉150克。

辅料：盐、味精、胡椒粉、料酒各适量。

制作方法

. 将海螺头洗去黑斑及杂物，洗净；将橄榄用刀拍破待用。

. 将螺头和橄榄装入炖盅内，注入鸡汤、姜片、烫熟瘦肉和料酒，加盖。

. 用湿宣纸将盖子密封，然后上笼蒸90分钟左右，配上盐、味精、胡椒粉调味即成。

【营养功效】润肺滋阴、清肺利咽、祛痰理气、清热解毒。

小贴士

食用螺类应烧煮10分钟以上，以防止病菌和寄生虫感染。

主料：丝瓜500克，响螺片（干品）20克。

辅料：生姜10克，红枣5克，盐适量。

制作方法

. 干响螺片浸透，洗干净；丝瓜洗干净，去皮，切块；生姜和红枣洗干净；生姜去皮、切片。

瓦煲加入清水，用猛火煲至水滚后，加丝瓜、响螺片、生姜和红枣。

继续用中火煲3小时，稍滚，加盐适量调味，即可饮用。

营养功效】丝瓜清凉、利尿、活血、通经、解毒。

小贴士

若湿热蕴结、小便短少、疲倦、食欲不振，皮肤瘙痒、感受暑热、口干口渴，可用本品作食疗。

冬瓜煲黑鱼

主料：黑鱼1条，冬瓜500克。

辅料：食用油、盐、老姜、味精适量。

制作方法

1. 将黑鱼剖杀、去鳞、去肠杂、洗净，切厂刀备用。
2. 冬瓜切开去瓤、洗净，切块。
3. 将黑鱼放在用姜和食用油爆香的锅里煎香
4. 加入冬瓜一起炒香。
5. 然后放在煲内，加适量水煲2个小时用盐味精调味即可。

【营养功效】清热生津。

小贴士

黑鱼为淡水名贵鱼类，是一种营养全面、肉味鲜美的高级保健品，一向被视为病后康复和老幼体虚者的滋补珍品当前，黑鱼养殖效益显著，已成为水产养殖热门之一。越来越多的农家也乐意养殖。

泥鳅煲瘦肉

主料：泥鳅250克，猪肉100克。

辅料：盐、味精、姜适量。

制作方法

1. 先将泥鳅开刀洗净。
2. 然后再和切好的猪肉，还有其他材料如姜等放在煲内，煲2个小时用盐、味精调味即可

【营养功效】泥鳅所含脂肪成分较低，胆固醇更少，属高蛋白低脂肪食品，且含一种类似廿碳戊烯酸的不饱和脂肪酸。

小贴士

买来的泥鳅，用清水漂一下，放入装有少量水的塑料袋中，扎紧口，放入冰箱冷藏室中冷冻，泥鳅长时间都不会死掉，只是呈冬眠状态；烧制时，取出泥鳅，倒在一个冷水盆内，待冰块化冻时泥鳅就会复活。

当归煲鲇鱼

主料： 鲇鱼1条，当归10克。

辅料： 红枣20克，枸杞子25克，姜、盐、味精适量。

制作方法

将鲇鱼从腮部挖开，掏出内脏、洗净、切几刀。

然后和经过清洗、浸泡、去核、切片处理的当归、红枣、枸杞子、姜放在一起，煲2个小时用盐、味精调味即可。

【营养功效】鲇鱼营养丰富，每100克鱼肉中含水分64.1克、蛋白质14.4克。

小贴士

鲇鱼系热带、亚热带鱼类，广布于我国南方各地，既是营养丰富的消费品，又是具药用价值的滋补品。这种鱼适应能力强，可在小水体和低溶氧的环境中成长，容易养殖，成本较低，适宜于农家庭院小水面养殖推广。

川芎鱼头汤

主料： 鱼头1个，枸杞子25克。

辅料： 红枣5克，黄芪10克，川芎10克，山药25克，百合25克，食用油、盐、姜、味精适量。

制作方法

鱼头切去鱼腮对半切开、洗净。

鱼头放入用食用油、姜爆香的油锅里煎香。

放入经过清洗、刀切处理的除盐、味精之外的所有材料，加水煮1个小时，用盐、味精调味即可。

【营养功效】此汤有祛头风、治疗头痛的功效。而且鱼头营养高、口味好、富含人体必需的卵磷脂和不饱和脂肪酸，对降低血脂、健脑及延缓衰老有好处。

小贴士

山药切片后需立即浸泡在盐水中，防止氧化发黑。

山药甲鱼汤

主料：甲鱼1只(约重800克)，枸杞子30克，山药30克。

辅料：料酒、盐、葱段、姜片、猪油各适量。

制作方法

1. 将甲鱼宰杀、去肠杂、清洗干净，放入热水中浸泡1小时左右，斩为8块；将山药、枸杞子洗净。

2. 将甲鱼块下沸水锅中汆去血水，捞出洗净

3. 锅中注入适量清水，加入甲鱼块、山药、枸杞子、料酒、盐、葱、姜、猪油，煮至甲鱼肉熟烂入味，拣去葱、姜即可出锅食用。

【营养功效】甲鱼肉蛋白质含量高，还含有维生素A、钙、磷、钾、镁等多种对身体有益的营养物质，具有滋阴补虚的作用。

小贴士

好的山药外皮无伤，带黏液，断层雪白，黏液多，水分少。

香菜鲫鱼汤

主料：香菜200克，豆腐100克，鲫鱼1条。

辅料：姜、盐、味精、猪油各适量。

制作方法

1. 将香菜洗净切开大件。

2. 将鲫鱼去鳞、剖开、去肠杂，洗净切几刀后用酱油、料酒腌一段时间，再放在用食用油、姜爆香的油锅中两面煎成黄色。

3. 加水煮沸，放入鲫鱼、香菜、豆腐，1分钟后用盐、味精、猪油调味即可。

【营养功效】鲫鱼具有活络通血、健脾利湿的功效，可以增强抗病能力。香菜含有挥发油，它散发的特殊香气，能促进肠胃蠕动，开胃醒脾。

小贴士

香菜是餐桌上常见的芳香开胃之品，常用来调味，即将其洗净后切碎，撒在菜上或汤中，既美观又可增进菜、汤的香味。

主料：鲈鱼1条，黄芪500克，红枣15克。

辅料：姜、盐、味精、料酒、猪油各适量。

制作方法

1. 将鲈鱼宰杀干净，斩成两段，抹干。
2. 黄芪洗净，红枣去核洗净。
3. 将鲈鱼、黄芪、红枣、姜、酒同放入炖盅内，注入开水，隔水炖3小时，加盐、味精、猪油调味即可。

【营养功效】鲈鱼富含蛋白质、维生素A、B族维生素、钙、硒等营养成分，是健身补血、健脾益气的佳品，产妇贫血头晕可多食鲈鱼。

小贴士

腐烂的红枣在微生物的作用下会产生果酸和甲醇，人吃了烂枣会出现头晕、视力障碍等中毒反应，重者可危及生命，所以要引起注意。

主料：猴头菇200克，水发海参200克。

辅料：姜片、葱末、料酒、精盐、糖、胡椒粉、味精、淀粉各适量。

制作方法

1. 将猴头菇去杂后洗净，切成5厘米长、1厘米宽的片。
2. 将海参洗净，入沸水锅汆后捞出，放入炖盅内，加水适量，倒入猴头菇片，加料酒、姜片、葱末、盐、胡椒粉、糖，煨炖1小时。
3. 再加味精及淀粉适量，调匀后煮沸即成。

【营养功效】海参是一种高蛋白、低脂肪、无胆固醇的食物，能补肾养胃、滋阴壮阳、养血润燥。多吃海参可增强产妇体质，快速有效地恢复体能和体力。

小贴士

非常适宜于老年人、儿童以及体质虚弱的人食用。

黑鱼丝瓜汤

主料：黑鱼1条，丝瓜300克。

辅料：盐、味精、食用油、香油、料酒、姜各适量。

制作方法

1. 将黑鱼宰杀洗净，剁成块；丝瓜洗净切段；姜洗净切片。

2. 烧热锅，加油，放鱼块煎至微黄，锅中注入清水适量，放入姜片、盐、料酒，用大火煮沸

3. 改用小火慢炖至鱼七成熟，加丝瓜滚约分钟，加味精、香油调味即可。

【营养功效】黑鱼含蛋白质等多种营养成分具有祛淤生新、滋补调养的功效。黑鱼还可补脾益气、利水消肿。民间用黑鱼来催乳、补血。

小贴士

有疮者不可食，会使人瘢白。

蚌肉冬瓜汤

主料：冬瓜500克，河蚌肉250克。

辅料：料酒、葱花、姜、盐、味精、猪油各适量。

制作方法

1. 将蚌肉洗净加适量姜汁待用。

2. 将冬瓜去皮去瓤，切成片。

3. 炒锅内放入蚌肉、冬瓜，烹入料酒，煮20分钟，加姜、盐、味精调味，撒上葱花，淋上猪油即可。

【营养功效】冬瓜含丙醇二酸，能抑制类转为脂肪，可防治人体发胖，通利小便清热解暑。

小贴士

不要食用未熟透的贝类，以免传上肝炎等疾病。

芡实红枣鱼汤

主料：芡实 100 克，红枣 10 克，黑鱼 1 条。

辅料：盐、食用油、生姜各适量。

制作方法

1. 将黑鱼去净鱼鳞、鳃、内脏；芡实、红枣
口生姜分别洗干净，红枣去核，生姜去皮，
刃成片。

2. 鱼身冲洗干净，抹干，用姜放进油锅煎至
戈微黄色，以辟腥味，备用。

3. 瓦煲内加入适量清水，先用大火煲至水滚，
然后放入以上全部材料，改用中火煲 3 小时，
加入适量盐调味即可饮用。

【营养功效】益气养血、补虚脾胃。

小贴士

芡实一次性切忌食之过多，否则难
以消化，平时有腹胀症状的人更应忌食。

鲢鱼头豆腐汤

主料：冻豆腐 300 克，鲢鱼头 1 个，葱 6 克。

辅料：酱油 15 克，料酒 25 毫升，盐 10 克，糖 15 克，食用油、姜适量。

制作方法

将冰豆腐洗净，切块；葱洗净，去除根部，
]短粒；姜去皮，洗净，切片备用。

将链鱼头洗净，沥干水分，放入热油锅中
至两面金黄，盛出备用。

将煎过的鲢鱼头放入炖锅中，加入所有的
料用酱油、料酒、盐、糖和水，以中火炖
) 分钟，即可取出食用。

营养功效】温中益气、利水。

小贴士

一般人群均可食用，脾胃蕴热者不
食用；瘙痒性皮肤病、内热、荨麻疹、
病者应忌食

虾仁冬瓜海带汤

主料： 虾仁100克，冬瓜500克，海带200克，瘦肉100克。

辅料： 姜、盐、味精各适量。

制作方法

1. 将虾仁洗净，沥干水分；冬瓜洗净，切粒；海带浸透，洗去咸味，剪片；瘦肉洗净，切薄片。

2. 将冬瓜粒、海带片放入汤锅，注入滚水适量，煲30分钟。

3. 加入肉片，煲1小时后，放入虾仁、姜，再稍滚片刻，加盐、味精调味即可。

【营养功效】消痰软坚、泄热利水、止咳平喘、消脂降压。

小贴士

脾胃虚寒者忌食，身体消瘦者不宜食用。

枸杞子鲫鱼汤

主料： 枸杞子12克，鲫鱼1条。

辅料： 盐、胡椒粉、葱、姜、食用油各适量。

制作方法

1. 将葱洗净、切段，姜洗净、切片；鲫鱼去内脏、鱼鳞，洗净。

2. 将油锅烧热，鲫鱼下锅炸至微焦黄。

3. 将鲫鱼、枸杞子、葱、姜、胡椒粉一同放入沙煲内，加适量水，用小火煲至鲫鱼熟烂，加盐调味即可。

【营养功效】消脂降压，防治动脉硬化。

小贴士

慢性肾炎水肿，肝硬化腹水，鲫鱼补虚，诸无所忌。但感冒发热期间不宜多吃。

茼蒿鱼头汤

主料：鲜茼蒿 250 克，鳙鱼头 1 个。

辅料：生姜、食用油、盐适量。

制作方法

. 将鲜茼蒿洗净；生姜洗净，切片；鳙鱼头去鳃，洗净，用刀剖开。

. 炒锅上火，放食用油烧热，将鳙鱼头煎至煐黄色。

. 煲内加水适量，用大火烧开，放入鳙鱼头、生姜片，转用中火继续煲沸 10 分钟，再放入茼蒿，待熟时加入盐调味即成。

【营养功效】补益肝肾。

小贴士

一般人均可食用，适用于脾胃虚弱、肖化不良及病后无力者饮用。如果治疗更秘与口臭，可用茼蒿 250 克煮熟食用。

主料：罗汉果 100 克，蔊菜 50 克，黑鱼 1 条。

辅料：姜、食用油、盐各适量。

制作方法

. 将罗汉果、蔊菜洗净；黑鱼去鳞和内脏，先净，斩成块。

. 锅内加油，烧热，下黑鱼块煎至金黄色。

. 将以上用料及姜放入锅中，加水适量煮 2 小时，下盐调味即成。

【营养功效】消痰软坚、泄热利水、止咳平喘、消脂降压。

小贴士

喝此汤的同时不宜喝牛奶，否则可能出现食物相克而中毒。

主料： 山药 40 克，桂圆肉 20 克，甲鱼 500 克，枸杞子 10 克。

辅料： 姜、盐各适量。

制作方法

1. 将山药洗净，去皮、切片；枸杞子、桂圆肉洗净；姜切片。
2. 将甲鱼宰杀，洗净去内脏。
3. 甲鱼与山药、姜片、桂圆肉、枸杞子一同放入沙煲，加水适量，小火炖至甲鱼熟烂，加盐调味即可。

【营养功效】益气养血、补虚脾胃。

小贴士

一般人群均可食用。好的甲鱼动作敏捷，腹部有光泽，肌肉肥厚，裙边厚而向上翘，体外无伤病痕迹；把甲鱼翻转，头腿活动灵活，很快能翻回来，即为质量较优的甲鱼。

菠菜生姜鱼头汤

主料： 菠菜 500 克，生姜 15 克，大鱼头 1 个，瘦肉 150 克。

辅料： 味精、盐适量。

制作方法

1. 菠菜，洗净，切成段；生姜洗净并切片，备用。
2. 瘦肉洗净，切成片；鱼头一开为二。
3. 将上料放入煲内加水煲煮约 1 小时，用盐味精调味即成。

【营养功效】温中益气，利水。

小贴士

脾胃虚弱者忌食；肾功能虚弱者，也不宜多吃菠菜。

红花黑豆鲇鱼汤

主料： 红花 15 克，黑豆 200 克，鲇鱼 2 条。

辅料： 陈皮、盐各适量。

制作方法

先将黑豆放入铁锅中，不必加油，炒至豆衣裂开，再用清水洗干净，晾干。

将鲇鱼剖洗干净，去表皮黏液、去内脏；红花用清水漂洗干净，装入干净的纱布袋内；陈皮用清水浸洗干净。

锅内加入适量清水，先用大火煲至水滚，然后放入全部材料，待水再滚起，改用中火继续煲至黑豆熟，拿出纱袋，加入适量盐调味即可食用。

【营养功效】补虚、消滞、滋补血气。

小贴士

此汤除了可补虚益气之外，还具有美容作用，黑豆所含的黄酮类物质、染料木苷，有雌激素的作用，用黑豆煲汤可乌发美容，使头发富有光泽和弹性。

白萝卜三鲜汤

主料： 白萝卜 100 克，虾仁 50 克，茶树菇 30 克。

辅料： 红枣 10 克，姜、香菜、白胡椒粉、淀粉、料酒、盐各适量。

制作方法

白萝卜洗净切片；茶树菇洗净切段；红枣洗净去核；姜洗净切片。

锅内加水适量，烧开，下入茶树菇、红枣和姜，稍煮再下入白萝卜。

萝卜熟透后，下入虾仁，再大火煮开，加入盐、白胡椒粉、淀粉、料酒，调好口味，加入香菜，即可出锅。

【营养功效】补肾健胃、消食化滞。

小贴士

湿热重、舌苔黄者不宜食用红枣。

红枣桂圆牡蛎汤

主料： 红枣12只，桂圆肉30克，牡蛎10只，生姜10克。

辅料： 盐5克。

制作方法

1. 将红枣洗净，去核，切片，浸泡；姜切片，桂圆肉洗净，浸泡。

2. 将牡蛎洗净；烧锅，放生姜，干爆炒牡蛎5分钟，放入沸水适量。

3. 煮沸后加入桂圆肉、红枣，再煲30分钟，加盐调味即可食用。

【营养功效】补益肝肾。

便溏及痰多者慎用。

海参鸽蛋汤

主料： 海参150克，鸽蛋10个，肉苁蓉20克，红枣10克。

辅料： 子姜片、盐、味精各适量。

制作方法

1. 将鸽蛋洗净，放清水锅里煮熟，取出过冷水去蛋壳。

2. 海参用清水发透，剖开清洗干净；肉苁蓉洗净、切片；红枣去核洗净。

3. 将以上用料及子姜片一同放入沙锅里，加清水适量，大火煮沸后，改用小火炖2小时，加盐、味精调味即可。

【营养功效】补肾壮阳。

小贴士

一般人群都能食用。海参不宜与甘草、醋同食。

黄豆葛根鱼片汤

主料：黄豆 25 克，葛根 500 克，草鱼肉 200 克。

辅料：葱白、盐适量。

制作方法

黄豆、葛根、葱条分别洗干净；葛根去皮、
刀块；葱条去根，取葱白，切段；草鱼肉
刀片。

瓦煲内加入适量清水，先用大火煲至水滚，
然后放入葛根、黄豆，用中火煲 2 小时。

加入葱白、草鱼肉片和适量盐，滚至鱼片
热透即可食用。

【营养功效】清热解毒、解表透疹、生津
止渴。

小贴士

患有严重肝病、肾病、消化性溃疡、
动脉硬化者不宜食用。黄豆不宜与菠菜
同食，食物中的维生素 C 会对铜的析出
量产生抑制作用。

生地蚝豉汤

主料：生地 50 克，新鲜臭草 25 克，绿豆 150 克，蚝豉 100 克。

辅料：陈皮、盐各适量。

制作方法

将生地、新鲜臭草、绿豆、陈皮和蚝豉分
别洗干净，备用。

将绿豆、陈皮放入瓦煲内，加入适量清水，
先用大火煲至水滚，再加入生地和蚝豉，用
中火煲至绿豆烂。

最后加入新鲜臭草，煲约 5 分钟，然后加
适量盐，即可食用。

【营养功效】清热解毒、凉血止血。

小贴士

此汤忌用铁器装盛，另外，在饮用此
汤时勿食甲鱼，否则会失去其营养成分。

杜仲豆腐咸鱼汤

主料： 杜仲10克，白萝卜200克，豆腐150克，咸鱼200克。

辅料： 葱、胡椒粉、食用油、盐各适量。

制作方法

1. 将用料洗净，咸鱼如太咸可先浸水1小时并切小件；豆腐切小块；白萝卜切丝。

2. 杜仲用400毫升水以小火煎成200毫升，去渣留汁。

3. 加入适量清水，先把咸鱼放入煲中，以大火煮滚；然后放豆腐、适量食用油、萝卜丝，倒入杜仲汁，加盖煮片刻，加盐调味即可，饮时可加葱和胡椒粉。

【营养功效】清热生津、凉血止血、开胃健脾、补肝肾、强筋骨等。

小贴士

选购杜仲，要以皮厚、块大、去净粗皮、断面丝多不易拉断、内表面暗紫色者为佳。

山药胡萝卜鲫鱼汤

主料： 山药50克，胡萝卜300克，鲫鱼500克。

辅料： 食用油10毫升，生姜10克，盐5克。

制作方法

1. 将山药洗净、去皮、切片，浸泡1小时；胡萝卜去皮，洗净，切成片状；鲫鱼去鳞、鳃、内脏，洗净。

2. 烧锅下食用油、姜，将鲫鱼两面煎至金黄色。

3. 将清水1800毫升放入瓦煲内，煮沸后加入以上用料，以大火煲滚后，改用文火煲小时，加盐调味即可。

【营养功效】清热、解毒、利湿、散淤、健胃消食、生津止渴、益气。

小贴士

胡萝卜中所含的胡萝卜素和维生素A是脂溶性物质，应用油煮熟或和肉类、鱼类一起炖煮后再食用，以利吸收。

主料：红枣 20 克，木瓜 300 克，黑鱼 400 克。

辅料：生姜、食用油、盐各适量。

制作方法

将木瓜去皮、子，洗净，切块；红枣（去亥）、生姜（去皮）均洗净，切片。

将黑鱼去净鱼鳞、鱼鳃，洗净鱼身，切件，用姜下油锅将黑鱼块煎至微黄，以去腥味。

瓦煲内加入适量清水，先用大火煲至水沸，然后放入以上全部材料，改用中火煲小时，加入适量盐调味即可。

【营养功效】平肝舒筋、和胃化湿、健脾肖食。

小贴士

治病多采用宣木瓜，不宜鲜食；食用木瓜是产于南方的番木瓜，可以生吃，也可作为蔬菜和肉类一起炖煮。

主料：胡萝卜 300 克，橄榄 100 克，甜杏仁 10 克，苦杏仁 9 克，猪瘦肉 150 克，鲍鱼 1 个。

辅料：姜、陈皮、盐各适量。

制作方法

取出鲍鱼肉，去掉污秽粘连部分，洗干净，切成片状；萝卜去皮，洗干净，切厚片。

甜杏仁、苦杏仁去衣，洗干净；橄榄、陈皮、猪瘦肉和生姜洗干净；橄榄用刀背拍烂；姜洗净。

瓦煲内加入清水，用大火煲至水沸，放入所有主料，再次煮沸后改用中火煲 3 小时，加盐调味即可饮用。

【营养功效】清热解毒，养阴润肺。

小贴士

冬春季节，每日嚼食 2～3 枚鲜橄榄，可防止上呼吸道感染。

土茯苓乌龟汤

主料：乌龟400克，土茯苓、猪瘦肉各100克。

辅料：生姜、盐各适量。

制作方法

1. 将猪瘦肉洗净，切块；土茯苓、生姜洗净

2. 乌龟杀好，斩成件，汆水。

3. 上述材料一起放入锅内，加清水适量，大火煮沸后，小火煲3小时，加盐调味供用。

【营养功效】清热、除湿、解毒。

小贴士

土茯苓有"止口焦舌干、利小便，久服安魂魄、养神"之功效。

宋公明汤

主料：鲫鱼1条（约400克），豆腐250克，柠檬150克。

辅料：盐、食用油各适量。

制作方法

1. 将鲫鱼宰净后放入油锅煎。

2. 用小火煎至两面都呈金黄色后，加入豆腐再略煎3分钟。

3. 加水煮沸，最后加入柠檬用盐调味即可饮用。

【营养功效】鲫鱼具有健脾、开胃、益气、利水、通乳、除湿之功效。

小贴士

此汤是一款比较古老的粤地农家菜配料酸香开胃，令人食欲大增。

主料： 咸水榄 60 克，紫菜 250 克，鱼丸 100 克。

辅料： 盐、姜丝各适量。

制作方法

将鱼丸切花；咸水榄放在锅里，放姜丝爆香。

加水煮沸后加入鱼丸。

再次煮沸后加入紫菜，煮沸，用盐调味即可饮用。

【营养功效】化痰软坚，清热利水，补肾养心。

咸水榄一般用黑榄制作，而黑榄为广东省信宜市特产水果，是一种加工型的水果。

主料： 章鱼干 100 克，莲藕 200 克，猪瘦肉 150 克。

辅料： 赤豆 150 克，老姜、盐、鸡精各适量。

制作方法

先将猪瘦肉斩件；赤豆洗净；章鱼干泡发洗净；莲藕洗净去皮，切段。

沙锅内放适量清水煮沸，放入猪瘦肉汆去血渍，倒出，用温水洗净。

用沙锅装清水，用大火煲沸后，放入猪瘦肉、赤豆、莲藕、章鱼干、老姜，煲 2 小时，调入盐、鸡精即可食用。

【营养功效】章鱼能益气养血，赤豆有清热凉血、利水通络之功效。

小贴士

章鱼干含沙子较多，应提早一晚浸泡、清洗。

红枣芡实煲黑鱼

主料： 芡实100克，红枣50克，黑鱼1条（约400克）。

辅料： 生姜、食用油、盐各适量。

制作方法

1. 将黑鱼去净鱼鳞、腮、内脏，冲洗干净鱼身，抹干，将姜、黑鱼放进油锅煎至成微黄色备用。

2. 芡实、红枣和生姜分别洗干净；红枣去核

3. 瓦煲内加入适量清水，先用大火煲至水沸然后放入以上全部材料，改用中火煲3小时加入适量盐调味，即可饮用。

【营养功效】黑鱼祛淤生新、滋补调养、健脾利水。

小贴士

黑鱼出肉率高、肉厚色白、红肌较少无肌间刺，味鲜，通常用来做鱼片，以冬季出产为最佳。

苹果山斑鱼汤

主料： 山斑鱼500克，苹果200克，猪瘦肉200克。

辅料： 甜杏仁、苦杏仁各10克，老姜、盐、食用油、鸡精各适量。

制作方法

1. 将猪瘦肉洗净，切块；苹果洗净去核，切件；山斑鱼剖洗干净。

2. 沙锅内放适量清水煮沸，放猪瘦肉汆去血渍，倒出，用温水洗净；山斑鱼入五成热的油锅煎至黄色。

3. 用沙锅装适量清水，大火煲沸，放入苹果、猪瘦肉、山斑鱼、老姜、甜杏仁、苦杏仁，中火煲1小时，调入盐、鸡精即可食用。

【营养功效】山斑鱼营养丰富，味道鲜甜，适用病后体虚、形体消瘦的人饮用。

小贴士

苹果煲汤，除了滋润皮肤，还有脂良效。

主料：桂圆肉 15 克，枸杞子 20 克，山药 25 克，鲢鱼 1 条。

辅料：盐、食用油适量。

制作方法

将鲢鱼宰净，切块；桂圆肉、枸杞子、山药洗净，山药去皮切块。

鲢鱼用热油爆过后捞起。

煲内加 8 碗水，把鲢鱼和其他用料一起放入其中煲煮。

先用大火煮沸，再改用小火煮 2 小时，最后用盐调味即可。

营养功效】温中补气、暖胃、泽肌肤。

贴士

清洗鲢鱼的时候，要将鱼肝清除掉，为其中含毒。

主料：通菜 250 克，海带 25 克，黑鱼 400 克。

辅料：盐适量。

制作方法

黑鱼洗净，切块。

将海带洗净，切段；通菜洗净切段。

将鱼和海带一起放入汤煲内，煲至将好时通菜，煮沸，最后加盐调味即可食用。

营养功效】消痰软坚、泄热利水、止咳平、消脂降压。

贴士

由于现在全球水质的污染，海带中可能含有有毒物质——砷，所以烹制应先用清水将其浸泡两三个小时，中换一两次水。

鱼云豆腐汤

主料：豆腐 500 克，草鱼头 2 个。

辅料：香菜、生姜、食用油、盐各适量。

制作方法

1. 将鱼头切开，洗净，除腮去淤血；豆腐切块
2. 在锅内放入食用油和姜片，将鱼头爆香。
3. 再放 1000 毫升水，然后放豆腐，煮 1 小时左右用盐调味，撒上香菜末即可饮用。

【营养功效】补脑益智、利水消胀。

小贴士

许多有害物质和寄生虫都聚集在鱼头中，因此，煲汤时，一定要把鱼头煮至熟烂，才可以食用。

莴笋酸笋石螺汤

主料：莴笋 250 克，石螺 300 克，酸笋 100 克。

辅料：干辣椒 8 克，盐适量。

制作方法

1. 将莴笋、酸笋分别洗净，切丝；将石螺洗干净。
2. 将酸笋放入锅中干炒，然后放入干辣椒加入石螺，加水煮沸。
3. 稍煮后加盐调味，加入莴笋丝待其煮熟即可。

【营养功效】利五脏、通经脉、清胃热清热利尿。

小贴士

因为石螺寄生虫比较多，烹制的时候要注意煮 10 分钟以上。

蔬果、蛋类

丁香海带胡萝卜汤

主料： 核桃仁、海带各 30 克，丁香 15 克，大料 10 克，萝卜 300 克。

辅料： 桂皮、花椒各 5 克，食用油、盐各适量。

制作方法

1. 丁香、大料、桂皮、花椒分别洗净，一
装入药袋。

2. 海带用水浸泡，洗净后切段；萝卜去皮，
洗净，切块。

3. 上述材料及核桃仁一同放入沙锅内，加
水适量，大火煮沸后，加适量油，小火煲
萝卜、海带熟烂，取药袋，加盐调味，即
食用。

【营养功效】减肥消脂、利水消气。

小贴士

孕妇和乳母不要过量吃海带。核
仁外面有一层薄皮，略带苦味，煲汤时，
可以先用热水浸泡剥皮后再下锅。

番茄蛋花汤

主料： 番茄 300 克，鸡蛋 2 个。

辅料： 肉汤、盐、胡椒粉、葱花各适量。

制作方法

1. 将番茄洗净，切片；鸡蛋打散。

2. 将肉汤煮沸后，放入番茄煮 3 分钟。

3. 改小火，倒入蛋液，加入盐，撒上葱花
胡椒粉即可。

【营养功效】番茄含有丰富的维生素，
养价值极高。具有清热生津、养阴凉血
生津止渴、健脾消食之功效。

小贴士

空腹吃番茄易造成胃不适、胃胀痛
番茄性凉、味甘、酸，所含维生素 C
分丰富，具有很好的减肥和美容作用。

金针番茄汤

主料：番茄200克，鲜金针菇、水发黑木耳各50克。

辅料：盐、味精、上汤、葱花、香油各适量。

制作方法

将番茄用开水烫一下，去皮，切成薄片；
针菇择洗干净，切去根部；黑木耳泡透撕
小片备用。

坐锅点火，放入上汤，开锅后加入金针菇、
木耳、盐、味精和番茄一起煮沸。

最后淋入香油，撒入葱花即可。

营养功效】清热生津、凉血平肝。

贴士

脾胃虚寒者不宜多吃金针菇。金针
对抑制血脂升高，降低胆固醇，防治
脑血管疾病有一定功效。

芥菜咸蛋汤

主料：芥菜250克，熟咸鸭蛋2个。

辅料：酱油、味精、食用油、姜各适量。

制作方法

将芥菜洗净，切段；熟咸鸭蛋去壳，取出
黄放在案板上，用刀压扁，咸蛋白放入凉
中浸泡。

汤锅置火上，下油烧热，下姜片炝锅，然
加入清水煮沸，放入芥菜，再次煮沸约3
钟。

最后放入咸蛋黄和咸蛋白煮沸，再放入酱
、味精即成。

营养功效】清肺泻火、滋阴润燥。

贴士

孕妇、脾阳不足、寒湿下痢症不宜
用咸鸭蛋。咸鸭蛋黄油可治小儿积食，
敷可治烫伤、湿疹。

菠菜蛋汤

主料： 菠菜 200 克，鸡蛋 2 个。

辅料： 鸡汤、盐、味精、香油各适量。

制作方法

1. 将菠菜洗净；将鸡蛋磕入碗内，搅匀。

2. 锅内放入鸡汤煮沸，放盐、味精调味，再放菠菜。

3. 最后将蛋液均匀浇入，煮沸后淋适量香油即可饮用。

【营养功效】菠菜是人体维生素 A、维生素 B_6、维生素 C、维生素 K 和铁、镁、钾、钙的重要来源。

小贴士

胃功能不全的儿童及皮肤生疮化脓的儿童不宜多吃鸡蛋。哮喘患者、高胆固醇者应少吃鸡蛋。

青豆花椰菜蛋汤

主料： 鸡蛋 2 个，花椰菜 200 克，青豌豆 25 克。

辅料： 熟猪油、盐、味精、香菜末、骨头汤各适量。

制作方法

1. 将花椰菜清洗干净，掰成小朵，放入沸水锅中略煮一下捞出；鸡蛋煮熟，剥皮，将蛋白与蛋黄分开，蛋白切丝，蛋黄捣成泥。

2. 锅内放熟猪油，烧热，放入蛋黄泥略炒几下

3. 加入骨头汤，随后加花椰菜、青豌豆、蛋白丝、盐，煮沸撇去浮沫，加味精、盐、熟猪油，撒点香菜即可。

【营养功效】清凉解暑，补脾和胃。

小贴士

食欲不振、消化不良、大便干结者宜多食花椰菜。花椰菜烧煮时间不宜过长，不然会破坏其营养成分。

鹌鹑蛋白菜汤

主料： 鹌鹑蛋 10 个，白菜 150 克。

辅料： 食用油、生姜、大葱、味精、盐各适量。

制作方法

. 将白菜择洗干净，折成短节备用；姜去皮
刀成片；葱切成粒；将鹌鹑蛋打入碗中搅散。

. 将食用油倒入热锅中煮沸，倒入鹌鹑蛋液
煎成饼。

. 将蛋饼搅成几块，然后加水煮沸，再加白菜、
生姜，煮熟调入盐、味精，起锅时入葱节即成。

【营养功效】清热解毒、生津止渴。

小贴士

此汤适用于春季流行性腮腺炎，症
见发热、口舌干燥、小便黄赤等。鹌鹑
蛋营养丰富，常吃可预防儿童麻疹。

玉米南瓜汤

主料： 南瓜 200 克，玉米粒 50 克，鲜百合 30 克。

辅料： 冰糖适量。

制作方法

将南瓜去皮、切粒；鲜百合撕开、洗净；
玉米粒洗净待用。

清水 1000 毫升连同冰糖一起煮沸。

加入南瓜、玉米粒、鲜百合煲 10 分钟便成。

【营养功效】南瓜富含 β 胡萝卜素，维生
素 C、维生素 E 等抗氧化成分，有助于人
提高免疫力。

小贴士

南瓜心的胡萝卜素比果肉多 5 倍，
烹调时应尽量利用。

黄花木耳鸡蛋汤

主料：干黄花菜100克，鸡蛋3个，黑木耳30克。

辅料：盐、味精、料酒、大葱、生姜、食用油、清汤各适量。

制作方法

1. 将干黄花菜用清水先洗两遍，再用温
泡2小时，发开后择洗干净，挤干水，
整齐，从中间切断；黑木耳泡发撕成片；葱
姜分别切成丝；将鸡蛋打入碗内，加适量盐
味精、料酒，用筷子搅打均匀。

2. 锅置火上烧热，下食用油烧至六成热，把鸡蛋打入炒熟倒入汤盆中。

3. 锅内留适量油，烧热，投入葱、姜丝、煸炒几下，倒入黄花菜、木耳，加适量料酒
盐、味精及清汤，煮沸撇去浮沫，也倒
汤盆中即可食用。

【营养功效】清热解暑、祛火排毒。

小贴士

注意力不集中、记忆力减退、脑
脉阻塞者宜多食黄花菜。

鹌鹑蛋豆腐白菜汤

主料：鹌鹑蛋10个，豆腐200克，白菜150克。

辅料：猪油、姜、葱、盐、味精各适量。

制作方法

1. 将鹌鹑蛋打入碗中搅散；白菜拣洗干净
折成小片；豆腐切块。

2. 锅烧热加入猪油，倒入蛋汁煎成薄饼。

3. 姜拍松，放入锅中，加水煮沸，再入豆
白菜及适量盐、葱、味精，至白菜熟即可饮

【营养功效】清热解毒，生津利尿。

小贴士

一般人均可食用。脑血管病人不
多食鹌鹑蛋。秋季热毒内炽而致的口
黏膜糜烂、舌体溃疡、大便秘结、口
口燥等症者可多喝此汤。

竹荪鲜菇汤

主料: 竹荪200克，真姬菇1包，胡萝卜150克。

辅料: 芹菜、胡萝卜、料酒、盐、熟油各适量。

制作方法

. 将真姬菇切开，洗净；芹菜切段；竹荪切
F，洗净。

. 锅内放入适量清水，煮沸后加入竹荪，加
、切好的胡萝卜丝、真姬菇。

. 加入料酒、芹菜段，用盐、熟油调味即可。

营养功效】排毒养颜、温中益气。

丶贴士

一般人群均可食用，便泄者慎食。
荪干品烹制前应先用淡盐水泡发，并
去菌盖头（封闭的一端），否则会有
味。

主料: 紫菜200克，干贝50克，鸡蛋2个。

辅料: 姜、盐、食用油、味精各适量。

制作方法

干贝与姜入水煮出味道。

加入泡好的紫菜，煮沸。

再加入蛋清，煮沸后加入盐、食用油、味
即可。

营养功效】此羹可有效降低血清胆固醇的
含量。

贴士

一般人群均可食用。消化功能不好、
体脾虚者少食。干贝也称为瑶柱，因
般都是晒干的，所以也称干瑶柱，在
国沿海的地方均有产出。

紫菜蛋花汤

主料：紫菜50克，土鸡蛋2个。

辅料：韭黄30克，红椒20克，盐、姜丝各适量。

制作方法

1. 将紫菜洗净，发好，姜丝加水煮沸后放入紫菜。

2. 待紫菜在汤水中充分煮沸后加入蛋浆推开加韭黄、红椒、盐、煮15分钟即可。

【营养功效】延年益寿、滋肾止喘、益肺养阳补益气血。

小贴士

此汤其实比较普通，但如果选用农村的正宗土鸡蛋，味道会与众不同。

双蛋浸菠菜

主料：菠菜500克，咸蛋1个，皮蛋1个。

辅料：姜丝、盐适量。

制作方法

1. 将菠菜去根，洗净。

2. 锅中放入皮蛋，翻炒几下，然后加入姜丝加水煮上汤。

3. 加入菠菜叶和咸蛋，煮熟后用盐调味即可

【营养功效】菠菜具有预防贫血的作用。

小贴士

将皮蛋和咸蛋两者一起烧出来的汤味道不亚于上汤。再浸菠菜，整个汤香可口。

冬瓜粒什锦汤

主料：冬瓜 600 克，香菇（干）、对虾各 80 克，猪肉（瘦）160 克，鸡蛋 150 克，鸡肝 40 克。

辅料：盐适量。

制作方法

将冬瓜去皮，洗净切粒；香菇浸软，去蒂切粒；猪瘦肉及鸡肝洗净后切粒；鲜虾洗净去壳，大的可切件；鸡蛋搅匀待用。

半锅水烧开，放香姑、冬瓜。

放猪瘦肉、虾肉，其后放鸡肝，接着倒下鸡蛋液煮熟便成。最后用盐调味即可。

【营养功效】冬瓜中所含的丙醇二酸，能有效地抑制糖类转化为脂肪。

小贴士

鸡蛋煮太久的话蛋白变老就不好吃，因此要最后放。

百合银耳莲子羹

主料：银耳 30 克，百合 100 克，莲子 200 克。

辅料：枸杞子 15 克，冰糖适量。

制作方法

银耳用水浸开。

将泡好的银耳加上莲子、百合、枸杞子放在一起煲 2 个小时，最后加冰糖即可食用。

【营养功效】银耳又名雪耳，白木耳。原是生于石上的胶质菌，它有活血清热，润肺阴，强心补脑功能。

小贴士

加工莲子以沙锅最好，少用生铁锅，免影响莲子色泽。买银耳时选微黄的较好，因为这是自然色，没被硫磺熏过。

枸杞莲子汤

主料： 莲子 150 克，枸杞子 25 克。

辅料： 糖适量。

制作方法

1. 将莲子用温水泡软后剥去外皮，去莲心，再用热水洗两遍；枸杞子用冷水淘洗干净待用。
2. 往锅里注入适量清水，放入莲子、糖煮沸
3. 10 分钟后，放入枸杞子，再煮 10 分钟即可

【营养功效】莲子性味甘平、具有补脾止泻、益肾固精、养心安神等功效。

小贴士

一般人群均可食用。

红枣鸡蛋汤

主料： 腐竹皮 100 克，红枣 10 克，鸡蛋 1 个。

辅料： 冰糖适量。

制作方法

1. 将腐竹皮洗净泡水，至软；鸡蛋磕碎搅匀待用；红枣洗净，去核。
2. 锅中注入适量清水，放入腐竹皮、红枣冰糖，用小火煮 30 分钟。
3. 再加入鸡蛋液搅匀即可食用。

【营养功效】鸡蛋含有蛋白质、脂肪、黄素、卵磷脂、维生素和铁、钙、钾等体所需要的矿物质。此汤可促进食欲、血养气，增强体质。

小贴士

年老者不宜多吃蛋黄。

主料： 桑葚、百合各30克。

辅料： 红枣20克，青果9克。

制作方法

1. 将红枣洗净去核，待用。
2. 将所有材料放入沙煲内，加水煎约30分钟。
3. 去渣取汁。

【营养功效】此汤可滋阴养血、补肝益肾、养颜、润肠通便。

小贴士

红枣虽营养丰富，但一次不宜吃得过多。

主料： 紫背菜150克，三色魔芋10片，冬笋（或绿竹笋）120克。

辅料： 素高汤1500毫升，米酒、盐、玉米粉、香油各适量。

制作方法

1. 冬笋去壳、洗净，再切滚刀块；紫背菜去根部及老梗，洗净，切小段。
2. 三色魔芋在清水中浸泡10分钟后捞出，放入沸水中汆烫一下去味，再捞出过凉，每个对半切开后再切成片。
3. 锅中倒入素高汤煮沸，加入笋块、三色魔芋片、紫背菜，倒入米酒、盐调味，加入用玉米粉和清水拌好的料勾薄芡，淋入香油即可。

【营养功效】此菜养颜美容，瘦身排毒，是糖尿病者和体胖减肥者的理想菜肴。

小贴士

做菜时要注意炒冬笋的时候油温不宜太热了，否则不能使笋里熟外白。

冰糖银耳莲子汤

主料：冰糖 200 克，去心莲子 150 克，银耳 25 克。

辅料：桂花适量。

制作方法

1. 莲子用水泡发后用温水洗净，倒入碗中，加上沸水，以漫过莲子为宜，上屉蒸 50 分钟左右，取出备用。

2. 银耳用温水泡软，待其涨发后，去根蒂，洗净，掰成小瓣，上屉蒸熟备用。

3. 锅中倒入适量清水，加入冰糖、桂花煮沸撇净浮沫，放入银耳略烫一下，捞出盛在大汤碗内。

4. 将蒸熟的莲子滗去原汤，也放在汤碗内，最后把冰糖、桂花汤倒入碗内即成。

【营养功效】解暑生津、养阴润肺、清心安神

小贴士

一般人群均可食用，而外感风寒、出血症、糖尿病患者慎用。

桂圆莲子鸡蛋汤

主料：莲子 50 克，桂圆 15 克，鸡蛋 2 个。

辅料：黑枣、生姜、盐各适量。

制作方法

1. 将桂圆、生姜分别洗净；莲子洗净，去心保留红棕色莲子衣；黑枣洗净，去核。

2. 鸡蛋隔水蒸熟，去壳，洗净。

3. 瓦煲内加适量清水，先用大火煲至水沸，放入上述材料，改用小火煲 2 个小时，加盐调味即可。

【营养功效】滋润容颜、防老抗衰、消除皱纹。

小贴士

一般人群均可食用，适宜体质虚弱的老年人、记忆力低下者、头晕失眠者及妇女食用；有上火发炎症状时不宜食用，怀孕后不宜过多食用。

陈皮山楂汤

主料：萝卜400克，山楂、猪瘦肉各25克。

辅料：陈皮、盐各适量。

制作方法

. 将山楂泡好；萝卜、陈皮均切丝；猪瘦肉刀块。

. 陈皮加水煮沸，加入山楂，猪瘦肉块。

. 加入萝卜丝，再次煮沸，用盐调味即可。

【营养功效】山楂消积化滞、收敛止痢、活血化淤。

小贴士

山楂味酸，加热后会变得更酸。而市场上的山楂小食品含糖很多，不宜多食。

生果清润甜汤

主料：苹果500克，雪梨400克，银耳6克，甜、苦杏仁各8克。

辅料：陈皮、黄片糖（没有可用冰糖）适量。

制作方法

. 将苹果、雪梨去皮、去核，切开四角或切成粒。

. 陈皮浸软，刮去瓤，备用；银耳浸软，洗净。

. 锅放入适量清水，放入陈皮，水沸后放入苹果、雪梨、甜、苦杏仁及银耳，煲2小时，加入黄片糖调味，即可。

营养功效】雪梨生津润燥、清热化痰。

小贴士

梨可以生吃，也可以蒸，还可以做成汤和羹。

胡萝卜鲜橙汤

主料: 胡萝卜500克，番茄200克，奶油15克，橙汁125毫升。

辅料: 蔬菜汤、香草、盐、胡椒粉各适量。

制作方法

1. 将胡萝卜洗净，去皮、切片，和奶油放入锅中，中火熬煮（勤搅拌）约10分钟。

2. 番茄洗净、切块，与蔬菜汤、橙汁一同放入盛有胡萝卜的锅中，一起煮沸。

3. 加入香草、盐、胡椒粉，再用小火煮20分钟左右至胡萝卜软烂，盛出，冷却即可饮用

【营养功效】胡萝卜补脾消食，利肠道，补肝明目，清热解毒，下气止咳。

小贴士

许多水果和蔬菜也适合一起烹调，这样可以提高饮食的营养价值。

黑木耳番茄汤

主料: 黑木耳40克，金针菇20克，番茄400克，素高汤、清水各2000毫升，鸡蛋2个。

辅料: 食用油、盐、糖、胡椒粉各适量。

制作方法

1. 将黑木耳、金针菇用清水浸泡约1小时，洗净。

2. 黑木耳剪成小块；金针菇切去硬端，再用热水泡5分钟，沥干水分；番茄洗净，切块去子。

3. 烧热油，略爆番茄，注入素高汤和水，加盐、糖、黑木耳、金针菇一起煮沸片刻，熄火下鸡蛋拌匀，加胡椒粉适量即可食用。

【营养功效】黑木耳补血养血，番茄含丰富的维生素，有美肤养血的功效。

小贴士

女性多吃有养颜美肤的效果。

乌梅五味汤

主料：花生米 120 克，乌梅 3 个，沙参 15 克，麦冬 40 克，天花粉 3 克，玉竹 10 克，地骨皮 6 克，蛋清 100 克。

辅料：冰糖适量。

制作方法

1. 将生花生米磨酱，将乌梅、沙参、麦冬、玉竹、天花粉、地骨皮洗净。
2. 将以上材料放入锅里煮沸，澄清去渣取汁。
3. 将冰糖、蛋清加入汁中搅拌至散开即成。

【营养功效】滋阴生津、清热凉血。

小贴士

适合夏天消暑。

番茄鱼丸汤

主料：番茄 500 克，鱼丸 200 克。

辅料：姜、盐、味精、水淀粉各适量。

制作方法

1. 将番茄洗净，切块。
2. 沙锅内放入番茄、鱼丸、姜，加入适量清水，小火煮半小时，调入盐、鸡精，用水淀粉勾芡即可食用。

【营养功效】此汤可以增强血管柔韧性，防止牙龈出血，增强抗癌能力，具有清热解毒、凉血平肝、降低血压等作用。

小贴士

将番茄放在一碗水中，放入微波炉，用制高火半分钟，皮就很容易脱落。

桂枣山药汤

主料： 红枣25克，山药300克，桂圆肉15克。

辅料： 糖20克。

制作方法

1. 将红枣泡软，山药去皮、切丁后，一同放入清水中煮沸。
2. 煮至熟软后放入桂圆肉及糖调味。
3. 待桂圆肉煮至散开，关火即可食用。

【营养功效】健脾补肺、益胃补肾、固肾益精、聪耳明目、助五脏。

小贴士

这道甜点冷热食均可。煮的过程中，山药的黏液浮起时要捞除，以保持汤汁的清爽。

南瓜蔬菜淡奶汤

主料： 南瓜200克，土豆100克，牛奶200毫升。

辅料： 洋葱、西芹各50克，胡萝卜20克，食用油适量。

制作方法

1. 将所有蔬菜均洗净，切成小碎丁。
2. 将蔬菜丁放入锅中用少量油稍炒一下，加入清汤或开水煮熟。
3. 加入牛奶再煮一会即可。

【营养功效】南瓜能润肺益气、化痰排浓、驱虫解毒、治咳止喘。

小贴士

如有香叶，放几片在汤中，味道更香浓。

酸梅汤

主料： 干乌梅、山楂各250克，桂花、甘草各100克。

辅料： 冰糖或者红糖适量。

制作方法

1. 将乌梅、山楂、甘草泡水洗净。
2. 上述材料一同放入煲内，大火煮沸。
3. 煮沸后加入桂花和冰糖或红糖，小火熬煮1小时半左右即可食用。

【营养功效】清热解毒、润肺止咳、调和诸药性。

小贴士

在常温下，酸梅汤是很容易变质的，如果看到表面有细细的泡沫浮起，就说明已经变质。

雪梨炖罗汉果川贝

主料： 雪梨500克，罗汉果、川贝母各40克。

辅料： 冰糖、蜂蜜各适量。

制作方法

1. 将雪梨去皮和核，切成小块；罗汉果、川贝母洗净。
2. 将雪梨块、罗汉果、川贝母同放在小盆内，加入冰糖、蜂蜜和1000毫升水，拌匀。
3. 入锅蒸1小时即可食用。

【营养功效】润肺凉心、消痰降火、解除疮毒、降低血压、清热镇静、清肺止咳、润肠通便。

小贴士

冰糖不可过多，因有蜂蜜，而且冰糖要先砸成小块，以利掺和均匀。

酸菜粉丝汤

主料：泡酸菜500克、粉丝300克，豌豆苗15克。

辅料：精盐、味精、猪油（或色拉油）、姜片、高汤、胡椒粉、葱花各适量。

制作方法

1. 将粉丝用温水涨发；酸菜切碎。
2. 猪油烧熟，下酸菜、豌豆苗、姜片翻炒分钟，加高汤、盐熬5分钟。
3. 下粉丝煮3～5分钟，起锅前投入味精、葱花、胡椒粉即可食用。

【营养功效】酸香可口、助消化。

小贴士

粉丝品种繁多，如绿豆粉丝、豌豆粉丝、蚕豆粉丝、魔芋粉丝，更多的是淀粉制的粉丝，如红薯粉丝，土豆粉丝等

黄瓜三丝汤

主料：嫩黄瓜250克，大白菜100克，鲜汤750克，海带50克。

辅料：葱花、味精、盐各适量。

制作方法

1. 将黄瓜去皮洗净，切成细丝；大白菜用漂洗后，切成丝；海带涨发、洗净，切成丝。
2. 将锅置大火上，掺入鲜汤，放入大白菜丝海带丝煮沸。
3. 投入黄瓜丝，煮沸，加盐、味精起锅，上葱花即成。

【营养功效】黄瓜能清热止渴、利水消肿泻火解毒。

小贴士

烹制时，海带要先用水发涨、洗干净白菜要横筋切成丝，黄瓜入锅后不能煮，以保持其脆嫩清香，清淡咸鲜。

如意白玉汤

主料：黄豆芽、水豆腐各 500 克，鲜蘑菇 100 克。

辅料：葱花、盐、味精、香油等适量。

制作方法

. 将黄豆芽去根洗净；蘑菇洗净，沥干水分；水豆腐切块。

. 锅内加清水煮沸，下入黄豆芽和蘑菇，煮出鲜味后，投入水豆腐煮 5 分钟。

. 加盐、味精、香油、葱花调味即可食用。

【营养功效】黄豆芽含有丰富的营养成分，有维生素 A、维生素 B_2 等维生素类营养素。

小贴士

黄豆芽富含维生素 C，是美容食品，对面部雀斑有较好的淡化效果。

莴笋豆浆汤

主料：鲜莴笋 200 克，鲜豆浆 500 毫升。

辅料：盐、味精、食用油、姜、葱各适量。

制作方法

. 将鲜莴笋洗净去皮，切条；姜切片；葱切段。

. 坐锅点火，倒油，至六成热时，放姜、葱炝锅。

. 再放入莴笋条、盐煸炒至断生，拣去姜、葱，加入豆浆，煮沸后加味精调味即可。

【营养功效】豆浆性质平和，有补虚润燥、清肺化痰之效用。

小贴士

莴笋怕咸，盐要少放才好吃。

奶香芹菜汤

主料： 芹菜150克，鲜牛奶100克。

辅料： 盐、味精、鸡汤、淀粉、香油各适量。

制作方法

1. 将芹菜择洗干净，斜刀切成3.5厘米长的段，下沸水中汆烫透捞出，沥净水分备用。

2. 不锈钢锅上火烧热，加入鸡汤，将芹菜放入加盐、味精。

3. 待鸡汤快开时，加入鲜牛奶，煮沸后用水淀粉勾芡，淋入香油，即可倒入碗中食用。

【营养功效】奶类是钙的最好食物来源，同时含有丰富的优质蛋白质，其必需氨基酸比例，适于人体的利用，还含有人体必需的维生素。

小贴士

芹菜叶中含有胡萝卜素和维生素C比茎中含量多，因此吃时不要把能吃的嫩叶去掉。

素三丝豆苗汤

主料： 豌豆苗150克，冬笋、水发香菇、胡萝卜各50克。

辅料： 料酒、盐、食用油、姜末、味精、香油各适量。

制作方法

1. 豌豆苗摘下嫩头，洗净沥干，用沸水汆一下后捞出备用。冬笋、香菇、胡萝卜均洗净切丝。

2. 炒锅上火放入清水，待沸时，先放入冬笋汆烫一下，捞起，再依次放入香菇、胡萝卜，汆后捞出沥干水分。

3. 炒锅上火加底油，用姜末炝锅，烹料酒，添适量开水，再将三丝及豌豆苗同锅煮沸，加入盐、味精，淋入香油，倒入汤碗即成。

【营养功效】豌豆苗含有B族维生素，可以作为润肌肤之用。

小贴士

胡萝卜应用油煮熟或和肉类一起炖煮后再食用，以利胡萝卜素和维生素的吸收。

绿豆芽甜椒汤

主料：绿豆芽200克，甜椒50克，韭菜25克。

辅料：盐、香油、味精、清汤各适量。

制作方法

1. 将绿豆芽去根，择洗干净后沥干水分；韭菜择洗干净，切成4厘米长的段；甜椒洗净，去蒂、去子，切丝。

2. 炒锅上火烧热，加入清汤煮沸，依次放入绿豆芽、甜椒丝、韭菜段煮至断生。

3. 再加入盐、味精、香油即可。

【营养功效】绿豆芽性凉味甘，能清暑热、通经脉、解诸毒，还能补肾、利尿、消肿、滋阴壮阳，调五脏、美肌肤、利湿热。

小贴士

注意主料下锅的顺序，汤要沸，火要旺，动作宜快，主料断生即可出锅。

平菇豆芽汤

主料：鲜平菇、黄豆芽各100克。

辅料：盐、味精、鸡精、香油、葱花各适量。

制作方法

1. 将平菇、黄豆芽均切去根部，洗净，平菇切片。

2. 锅内加适量清水，加入平菇片煮约20分钟，再放入黄豆芽。

3. 用盐、味精、鸡精、香油调味，撒上葱花，再煮3分钟即可。

【营养功效】常食平菇不仅能改善人体的新陈代谢，对增强体质都有一定的好处。

小贴士

平菇可以炒、烩、烧，口感好、营养高、不抢味。但鲜品出水较多，易被炒老，须掌握好火候。

马蹄甘蔗萝卜汤

主料：甘蔗500克，马蹄、胡萝卜各250克。

辅料：食用油、盐各适量。

制作方法

1. 将马蹄洗净，拍碎；胡萝卜洗净，去皮，切块。
2. 将甘蔗切成10厘米长的段，再把一段剖成4块。
3. 将上述材料和食用油一同放入沙锅内，加水适量，用小火煲1小时，最后加盐调味即可

【营养功效】通便纤体、清热降火。

小贴士

马蹄不宜生吃，一定要洗净煮透后方可食用，而且煮熟的马蹄更甜。

薏米绿豆南瓜汤

主料：薏米30克，山药50克，绿豆200克，南瓜450克。

辅料：盐、味精各适量。

制作方法

1. 将薏米、绿豆分别洗净，用清水泡透。
2. 山药去皮，洗净，切片；南瓜洗净，去瓤去子，切块。
3. 将上述材料一同放入沙锅内，加水适量，以大火煮沸后，改用小火慢炖至绿豆酥烂，加盐、味精调味即可。

【营养功效】减肥降脂、强身健体。

小贴士

绿豆是夏季饮食中的上品，盛夏时节喝些绿豆粥，甘凉可口，可防暑消热。

海带绿豆汤

主料： 海带、绿豆各 15 克，甜杏仁 9 克，玫瑰花 6 克。

辅料： 红糖适量。

制作方法

1. 将绿豆洗净；海带切丝。
2. 将海带、绿豆、甜杏仁一同放入锅中，加水煮，并加入布包的玫瑰花。
3. 将海带、绿豆煮熟后，把玫瑰花取出，加入红糖即可食用。

【营养功效】清热解毒、减肥降压。

脾胃虚寒者忌食。

萝卜腐竹汤

主料： 腐竹 200 克，番茄 60 克，白萝卜 100 克，香菇 15 克。

辅料： 高汤 750 毫升，盐、味精、香油、胡椒粉各适量。

制作方法

1. 将腐竹用水泡软，切段；萝卜去皮切块；番茄洗净，去蒂后切小块；香菇用水泡软后去蒂，切块。
2. 将高汤煮沸，放入泡软的腐竹，再加入萝卜块、番茄块、香菇块。
3. 用小火煮至材料熟透后，加盐及味精，起锅前滴入香油，撒上胡椒粉即成。

【营养功效】清热润肺、宁心定惊。

小贴士

腐竹的热量和其他豆制品比起来有些高，超过了同等重量猪肉的热量。因此，需要控制体重的人宜少食腐竹。

青菜蛋花汤

主料：小白菜100克，猪肉50克，鸡蛋1个。

辅料：盐、胡椒粉、香油各适量。

制作方法

1. 将猪肉洗净，切丝；小白菜洗净，切长条；鸡蛋打散。
2. 锅内加适量清水烧开，下入小白菜稍煮。
3. 再下入肉丝和调味料煮1分钟，淋上打散的蛋汁。待鸡蛋花浮起时，马上用盐、胡椒粉调味，再倒上香油即可食用。

【营养功效】小白菜中钙的含量较高。

小贴士

鸡蛋是最为大众化的营养食品，它含有高质量的蛋白质，常被用作度量其他蛋白质的标准。

黄芪猴头菇汤

主料：黄芪20克，当归10克，红花6克，小白菜、猴头菇各100克。

辅料：料酒、盐、葱段、姜片、胡椒粉、鸡汤各适量。

制作方法

1. 将猴头菇冲洗后，放入盆内，用50℃温水涨发，约30分钟后捞出，去蒂，切成薄片；小白菜洗净；黄芪切片；当归切4厘米长的段。
2. 炖盅内，加入猴头菇、黄芪、当归、红花、料酒、盐、姜、葱、胡椒粉、小白菜，再加入鸡汤。
3. 炖盅置大火煮沸，再用小火炖煮25分钟即成。

【营养功效】补脑养血、强身益智。

小贴士

猴头菇营养丰富，肉嫩、香醇、可口，有“素中荤”之美称。

主料：山楂15克，山药180克，牛蒡、胡萝卜各300克。

辅料：盐适量。

制作方法

. 将山楂洗净；山药去皮，切块；胡萝卜削皮，
刀滚刀块。

. 牛蒡削皮洗净，切滚刀块，用淡盐水浸泡。

. 上述材料一同放入锅内，加2000毫升水，
煮沸后，改用小火炖至牛蒡熟软，加盐调味
即可。

【营养功效】减肥降脂、利水消积。

小贴士

胡萝卜不能与酒同吃，否则大量胡
萝卜与酒精一同进入人体会在肝脏中产
生毒素，导致肝病。

主料：水发香菇、菠菜各250克，嫩笋50克。

辅料：盐、香油各适量。

制作方法

. 将菠菜洗净，切段；嫩笋切片；水发香菇
切丝。

. 将菠菜段、嫩笋片、香菇丝一同放入锅中，
加适量水、食盐，盖上盖用大火煮沸约1分钟。

. 待香菇煮熟，用盐调味，出锅时淋上香油
即成。

【营养功效】补虚养血、敛阴润燥。

小贴士

个别人食用香菇后会出现头晕眼花、
恶心呕吐、腹胃胀痛等食物中毒现象。
有过香菇食用中毒经历的人应该尽量避
免或减少对香菇的食用。

山药豆腐汤

主料：山药200克，豆腐400克，香菜20克。

辅料：食用油、酱油、香油、葱花、盐各适量。

制作方法

1. 将山药去皮，切片；豆腐用沸水稍烫后分别切成厚片；香菜洗净，切段。

2. 炒锅上火，加入食用油烧至五成热，倒入山药片翻炒片刻，加适量水。

3. 待水沸倒入豆腐片，加酱油、食盐调味，煮沸，撒上香菜段和葱花，淋上香油即可。

【营养功效】清热祛湿、健脾利尿。

小贴士

山药切片后需立即浸泡在盐水中，以防止氧化发黑。

黄豆芽豆腐汤

主料：黄豆芽、豆腐各250克，雪菜100克。

辅料：食用油、味精、盐、葱花各适量。

制作方法

1. 将黄豆芽洗净；豆腐切成1厘米见方的丁雪菜洗净切段。

2. 锅内放油，烧热，放入黄豆芽，炒出香味时加适量的水，在大火上煮沸。

3. 放入雪菜、豆腐，改小火炖10分钟，加入盐味精，撒上葱花即可饮用。

【营养功效】祛风清热、解毒健脾。

小贴士

此汤适用于春季风热病毒蕴于肌肤而致风疹等。能护肤养颜，是家庭经济实惠之汤品。

主料：海带 100 克，冬瓜 250 克，紫菜 15 克。

辅料：料酒、香油、盐、味精各适量。

制作方法

将海带丝泡发后切成条；冬瓜去皮、洗净、切成片；紫菜洗净。

锅内放水煮沸，加入海带、冬瓜片，煮约分钟。

加盐、料酒、味精调味，冲入盛放紫菜的汤碗里，浇上香油即成。

【营养功效】海带含有丰富的碘。

常吃冬瓜有明显的减肥轻身作用，对肾炎水肿者有消肿作用，冬瓜也是糖尿病及高血压患者的理想佳蔬。

主料：淡菜 100 克，水发海带 200 克，冬瓜 400 克。

辅料：料酒、味精、葱、姜、食用油、盐各适量。

制作方法

将海带切成 3 厘米长的菱形片；冬瓜去皮、去子，洗净，切成约 3 厘米长、1 厘米宽和厚的块。

将淡菜用冷水泡软，洗净，放在沙锅内，加适量水、料酒、葱、姜片，用中火煮至酥烂。

炒锅上火，加入食用油烧至五成热，放入冬瓜、海带煸炒 2 分钟，加入沸水，用大火煮半小时，再放入淡菜及原汤，继续用大火煮 15 分钟，待瓜烂时，放入盐、味精即成。

【营养功效】清热滋阴、敛肺止咳。

小贴士

淡菜所含的营养成分很丰富，人称淡菜为“海中鸡蛋”。

萝卜笋丝汤

主料：白萝卜750克，莴笋150克，胡萝卜50克，面粉75克。

辅料：猪油、高汤、葱末、食盐、味精各适量。

制作方法

1. 将萝卜、胡萝卜和莴笋去皮，分别切成丝在沸水中烫一下捞出，过凉后沥干待用。

2. 锅内放猪油，烧至六成热时加入面粉速炒几下，炒至微黄色时加高汤，速搅匀，煮沸后再放入萝卜丝、胡萝卜丝。

3. 1分钟后放入莴笋丝、葱末、盐、味精即成

【营养功效】补脾和胃、通便消食。

小贴士

莴笋下锅前挤干水分，可以增加莴笋的脆嫩。但从营养角度考虑，不应挤干水分，这会丧失大量的水溶性维生素。

山楂桂花萝卜汤

主料：桂花、山楂干各10克，海带100克，萝卜200克。

辅料：姜、熟油、盐各适量。

制作方法

1. 将山楂、桂花洗干净；海带浸泡，洗净，切段萝卜去皮洗净，切成小块。

2. 沙煲内加适量水，煮沸后，放入萝卜、海带、姜片，待水再沸时转成小火，煲至萝卜、海带熟烂。

3. 加入山楂、桂花，再煲约2分钟，加油、盐调味即可。

【营养功效】消脂降压、消积减肥。

小贴士

山楂用水煮一下可以去掉一些酸味如果还觉得酸，可以适量加糖，不过这样消脂的作用会减少。

红枣豆腐皮汤

主料：白菜干 100 克，豆腐皮 50 克，红枣 20 克。

辅料：盐适量。

制作方法

. 将白菜干、豆腐皮、红枣洗净；白菜干切
殳；豆腐皮切片。

. 将白菜干、红枣入锅中，加适量水，煮约
0 分钟。

. 加入豆腐皮同煮约 2 分钟，加盐调味即可。

【营养功效】清肺热、润肺燥、养胃阴。

小贴士

白菜干素以"甜"、"淋"、"软"、"甘"
]名。仲秋闷热日时宜用白菜干煲粥、
{汤，是岭南地区的民间习惯。

香菇茭白汤

主料：水发香菇 100 克，茭白 200 克。

辅料：葱白、生姜、味精、料酒、盐、高汤、食用油各适量。

制作方法

将香菇洗净、去蒂，撕成块；茭白横切成 0.5
米厚的片；葱白切段。

锅内放油烧热，下姜片、茭白片翻炒片刻。

接着加入高汤，下香菇、料酒、葱段、盐、
精立煮片刻即成。

【营养功效】清热润肺，利气利水。

小贴士

茭白含有较多的草酸，食用前可选
氽一下水。

主料：西洋菜200克，芥菜、大白菜各100克，莲藕、胡萝卜各50克。

辅料：盐、食用油、味精各适量。

制作方法

1. 将胡萝卜、莲藕均洗净、切丝；西洋菜、大白菜、芥菜、洗净切片。
2. 锅中下油，加入大白菜与西洋菜、芥菜同炒，再加入胡萝卜、莲藕丝炒香。
3. 加水略煮，用盐、味精调味即可。

【营养功效】西洋菜富含钙质，且钙磷比例适当，还含维生素E和镁。

小贴士

脾胃虚寒，肺气虚寒，大便溏泄者不宜食用此汤。

主料：面筋200克，鲜菇250克，胡萝卜200克，香菜100克。

辅料：姜、盐、淀粉、味精各适量。

制作方法

1. 将面筋、胡萝卜、鲜香菇均洗净、切丝，香菜洗净、切段。
2. 煲内加水，下姜丝，然后放胡萝卜煮沸。
3. 加入面筋、鲜菇，略煮沸，用盐、味精调味，再加入芡汁和香菜，即可。

【营养功效】补肝肾、健脾胃、益气血、益智安神、美容颜。

小贴士

面筋是素斋的主要材料之一。用面粉加水拌和，洗去其中所含的淀粉，剩下凝结成团的混合蛋白质就是面筋。

主料：竹荪200克，金针菇100克，发菜20克，胡萝卜150克。

辅料：盐、味精各适量。

制作方法

. 竹荪对半切开；金针菇洗净，去根；胡萝
切细丝；发菜洗净。

. 将胡萝卜下入水中，煮沸后加入竹荪、发菜、
金针菇，稍沸，用盐、味精调味即可。

【营养功效】金针菇补肝、益肠胃，对肝病、
胃肠道炎症、溃疡等病症有一定功效。

小贴士

经常食用金针菇，不仅可以预防和
治疗肝脏病及胃、肠道溃疡，而且也适
合高血压患者、肥胖者和中老年人食用，
这主要是因为它是一种高钾低钠食品。

主料：鲜白花蛇舌草120克，薏米、冬瓜仁各60克。

辅料：蜂蜜适量。

制作方法

. 将蛇舌草洗净，薏米、冬瓜仁洗净。

将薏米、冬瓜仁一起放入锅内，加清水适量，
以大火煮沸后，再用小火煲1小时。

放入白花蛇舌草，再煲半小时，去渣取汤
加蜂蜜饮用。

【营养功效】白花蛇舌草可清热解毒，清热
利湿、清热散淤、清小儿疳积。

小贴士

白花蛇舌草配半边莲，对毒蛇咬伤
有一定功效。

空心菜玉米粒滚汤

主料：空心菜250克，玉米粒200克。

辅料：生姜、盐各适量。

制作方法

1. 拣选新鲜的空心菜，用清水洗干净，切碎备用。

2. 玉米粒用清水洗干净，备用。

3. 将玉米粒和生姜放入瓦煲内，加入适量清水，先用大火煲至水沸，然后改用中火继续煲1小时左右，再放入空心菜，继续煮3分钟左右，加盐调味即可。

【营养功效】空心菜富含植物蛋白、碳水化合物、B族维生素、维生素C、铁、磷、钙以及粗纤维等。

小贴士

空心菜中的叶绿素有“绿色精灵”之称，可洁齿防龋除口臭，同时堪称美容佳品。

黄豆节瓜汤

主料：雪菜、黄豆各100克，节瓜500克。

辅料：荷叶1张，生姜、盐各适量。

制作方法

1. 将雪菜用清水浸透，洗干净，沥干水，切碎；荷叶洗干净，备用。

2. 黄豆用温水浸泡至软，再用清水洗干净，备用；节瓜刮去茸毛、瓜皮，切去蒂，用清水洗干净，切件。

3. 煲内加入适量清水，先用大火煲至水沸，然后放入雪菜、黄豆、节瓜和生姜，待水煮沸，改用中火继续煲至黄豆软熟，再放入荷叶，煮至稍沸，即可用盐调味。

【营养功效】解毒消肿、开胃消食、温中利气。

小贴士

雪菜含大量粗纤维，不易消化，小儿消化功能不全者不宜多食。

主料： 马蹄粉 50 克，车前草（鲜品）100 克，滑石 150 克。

辅料： 冰糖适量。

制作方法

取清水约 20 毫升，调化马蹄粉及冰糖。

将车前草洗净，与滑石一起放入锅内，加清水约 200 毫升。

大火煮沸后，改小火再煮 15 分钟，取汁冲入已调化的马蹄粉、冰糖内，搅匀即可。

【营养功效】利水通淋、清热解毒、清肝明目、祛痰、止泻。

小贴士

车前草可治尿频：将车前草的根部除掉后洗净，煮水当茶饮，一天 3~4 次即可。

主料： 冬瓜 500 克，赤豆 50 克，扁豆 25 克。

辅料： 连梗鲜荷叶 2 张，盐适量。

制作方法

将赤豆、扁豆、冬瓜、荷叶洗净；冬瓜连皮切块。

将以上材料放入汤煲内，放水 2500 毫升煲成浓汤。

放盐调味即成。

【营养功效】利尿消肿、减肥轻身。

小贴士

白扁豆烹调前应用冷水浸泡（或用开水稍烫）再炒食，且务必熟透后再吃，否则可能引起头痛、头昏、恶心、呕吐等中毒反应。

木瓜白果炖黑木耳

主料： 木瓜300克，黑木耳、白果各50克。

辅料： 冰糖适量。

制作方法

1. 将白果去壳，去皮；木瓜去皮，去子，切小块。

2. 黑木耳入冷水中浸泡2小时，剪去根部，洗净。

3. 锅中放入足量的清水，将白果和黑木耳一并炖煮40分钟，加入木瓜和冰糖，继续炖15分钟即可食用。

【营养功效】木瓜富含17种以上氨基酸及钙、铁等。

小贴士

煮糖水时白果份量不宜过多。

香菇炖菜胆

主料： 白菜胆300克，干香菇100克。

辅料： 姜片、葱、食用油、料酒、盐、味精、上汤各适量。

制作方法

1. 将香菇洗净，剪去蒂，用清水浸发；白菜胆洗净、切整齐。

2. 将香菇沥干水，和白菜胆一起放入炖盅内，上汤用盐调好味，注入炖盅内，加入料酒、食用油、姜片、葱，入笼炖约1小时。

3. 取出炖盅，去掉姜片、葱，撇去汤面油，原盅加味精上席。

【营养功效】白菜富含蛋白质、维生素 B_1、维生素 B_2、维生素C等。

小贴士

挑选包心的大白菜以直到顶部包心紧、分量重、底部突出、根的切口大的为好。

主料：木瓜500克，银耳100克，香菇150克，红枣25克，黄豆芽200克，胡萝卜80克。

辅料：盐、食用油适量。

制作方法

将黄豆芽洗净；木瓜不去皮，切块、去子，切成条；胡萝卜去皮，切条；香菇去蒂，洗净备用；红枣洗净；银耳泡发，去蒂。

起油锅，将黄豆芽炒香；然后将其余材料放入煲中，加水，以中火煮沸后，转小火慢慢煮60分钟，再加盐调味即可食用。

【营养功效】木瓜富含17种以上氨基酸及钙、铁等，还含有木瓜蛋白酶、番木瓜碱等。

小贴士

我们日常食用的木瓜，其实是指番木瓜，中国古籍中指的木瓜，是另外一种植物。

主料：干贝2个，芥菜250克。

辅料：鸡汤、姜、葱、盐各适量。

制作方法

将芥菜洗净，切段；干贝预先在温水中浸泡一夜。

泡好的干贝用适量清水煮，煮软后加入鸡汤。

弄开干贝的肉，再加入芥菜，继续煲至芥菜熟，用适量盐、姜、葱调味即可食用。

【营养功效】芥菜富含维生素A、B族维生素、维生素C和维生素D，有提神醒脑、解除疲劳的作用。

小贴士

芥菜是眼科患者的食疗佳品。

生姜红薯芥菜汤

主料：大芥菜、红薯各 300 克。

辅料：生姜、盐各适量。

制作方法

1. 将大芥菜、红薯、生姜分别用清水洗净。
2. 红薯去皮，切粒状；生姜刮去皮，甩刀背压碎。
3. 将以上用料放入沙煲内，加适量清水，大火煮沸后，改用小火煲至红薯熟烂，用盐调味即成。

【营养功效】解毒消肿、开胃消食、明目利膈、宽肠通便。

小贴士

芥菜不能生食，也不宜多食。

栗子蜜枣汤

主料：栗子 100 克，蜜枣 40 克，桂圆肉 15 克。

辅料：冰糖适量。

制作方法

1. 将栗子、蜜枣、桂圆肉洗净；红枣去核，备用。
2. 将栗子加水略煮，去粗皮。
3. 将所有主料放入锅中，加入水，以小火煮 50 分钟，再加适量冰糖煮沸即可食用。

【营养功效】养胃健脾、补肾强筋、活血止血。

小贴士

最好在两餐之间把栗子当成零食或做在饭菜里吃，而不要饭后大量吃。

主料：芹菜 200 克，红枣 50 克。

辅料：盐适量。

制作方法

. 芹菜洗净，和红枣同放锅中。

. 加水适量，煮沸约 15 分钟。

. 加入盐调味即可。

【营养功效】降血压、缓和冠状动脉粥样更化。

小贴士

芹菜的降压作用炒熟后并不明显，最好生吃或凉拌，连叶带茎一起嚼食，丁以最大程度地保存营养，起到降压的乍用。

主料：节瓜 400 克，芋头（最好选白芋仔）200 克。

辅料：生姜、盐、食用油各适量。

制作方法

将节瓜刨皮、洗净、切片；白芋头去皮、洗净，大个的切件。

起油锅，分别把芋头和节瓜略炒片刻，在节瓜时下姜片。

在锅中加入清水 1250 毫升（约 5 碗水量）芋头，大火煮沸后改小火煮至熟，下节瓜，沸片刻，调入适量盐即可食用。

【营养功效】节瓜性微寒、味甘、有清热解的功效。

小贴士

芋头生汁易引起局部皮肤过敏，可生姜擦拭以解之。

椰汁胡萝卜芋头汤

主料：椰汁1罐，胡萝卜、芋头各200克，鲜百合、芡实各50克，牛奶250毫升。

辅料：盐、香油适量。

制作方法

1. 将胡萝卜、芋头去皮，洗净，切粒状；鲜百合、芡实洗净。

2. 将上述材料放入锅中，并加水2500毫升（10碗量），大火煮沸后改为中火煮10分钟左右。

3. 下椰汁和牛奶，稍煮，调入适量盐和香油便可食用。

【营养功效】椰汁是人们非常喜爱的清凉饮料，能清暑解渴。它和椰肉、椰油一样均有一定的医疗价值，可强心、利尿、驱虫、止呕吐腹泻、治疗充血性心力衰竭和水肿之功用。

小贴士

椰汁即椰子内的果汁，是人们非常喜爱的清凉饮料，能清暑解渴。

白菜豆腐汤

主料：白菜500克，豆腐250克。

辅料：盐、味精、酱油、糖、食用油、葱、姜适量。

制作方法

1. 将白菜洗净，切片；豆腐切块。

2. 锅内加油烧热后，葱、姜爆锅后，将白菜入锅炒至六成热，再将豆腐、酱油、糖、盐入锅炒至八成热。

3. 加入适量清水，小火炖10~15分钟后放入味精搅拌均匀即可食用。

【营养功效】豆腐常食之，可补中益气、清热润燥、生津止渴、清洁肠胃。

小贴士

豆腐是淮南王刘安发明的绿色健康食品。

主料： 银耳 30 克，冬瓜 250 克，鲜汤 500 克。

辅料： 料酒 5 毫升，盐 2 克，食用油 15 毫升，味精 1 克。

制作方法

. 将银耳洗净，泡发待用。

. 冬瓜去皮、去子，切成宽 2.5 厘米、厚 1
米的瓜片，洗净待用。

. 将锅烧热，用油滑锅后，放油，将冬瓜倒
煸炒，变色后，加鲜汤、盐，烧至快烂时，
银耳、味精，略煮后即可起锅，加料酒，
碗即成。

【营养功效】益气和胃、利水消肿。

小贴士

银耳本身应无味道，选购时可取适
试尝，如对舌有刺激或有辣的感觉，
明这种银耳是用硫磺熏制做了假的。

主料： 水发蘑菇 100 克，豆腐 200 克，青蒜 25 克，虾米 35 克。

辅料： 盐、味精、醋、胡椒粉、香油、鸡汤、姜各适量。

制作方法

. 将蘑菇去杂质，洗净，切成小片；豆腐放
锅中加水稍煮，捞出切小片；虾米泡发。

. 炒锅内添入鸡汤，放入豆腐、蘑菇、精盐、
末及海米和泡虾米水。

. 煮沸后加入胡椒粉、醋，淋入香油，撒入
精、青蒜即可。

营养功效】蘑菇为常食用的真菌，性味甘
，有理气、化痰、滋补强壮的作用。

贴士

洗蘑菇时可以在水里先放点食盐搅
使其溶解，然后将蘑菇放在水里泡一
儿再洗，这样泥沙就很容易洗掉。

奶油番茄汤

主料： 番茄300克，洋葱、胡萝卜、芹菜各100克。

辅料： 盐、胡椒粉、甜面酱、番茄酱、香叶、食用油各适量。

制作方法

1. 将番茄洗净，切开去子；胡萝卜、洋葱去皮切片；芹菜去叶，洗净后切段。
2. 坐煎锅放入油，倒入胡萝卜、洋葱、芹菜炒至变色时，加入番茄酱煸炒一下。
3. 放入番茄、水用大火煮沸后，加入盐、胡椒粉、香叶、甜面酱搅拌均匀，转用小火煨煮2~3小时出锅即可。

【营养功效】清热生津、养阴凉血。

小贴士

制此汤时，必须把番茄酱炒透，熬汤的时间适当延长，这样，能使番茄酱的营养和颜色大都溶解在汤内。

葱豉豆腐汤

主料： 豆腐250克，淡豆豉20克。

辅料： 葱白、食用油、盐各适量。

制作方法

1. 将淡豆豉洗净，葱白洗净，拍扁切断。
2. 把豆腐略煎，然后放入淡豆豉，加清水适量大火煮沸后，转小火煮约半小时。
3. 放入葱白，待飘出葱的香气，用盐调味后即可饮用。

【营养功效】发汗解表、清热透疹、宽中除烦、宣郁解毒。

小贴士

豆豉含有丰富的蛋白质、脂肪和碳水化合物，且含有人体所需的多种氨基酸，还含有多种矿物质和维生素等营养物质。

素笋汤

主料：冬笋200克，鲜汤250毫升，香菜梗20克，水发黑木耳80克。

辅料：葱姜汁、盐、味精、香油各适量。

制作方法

将冬笋去皮、洗净，切成长8厘米、宽1厘米的薄条；黑木耳择成小朵；香菜梗洗净后切成3厘米长的段。

冬笋放沸水中略烫捞出，放凉水中过凉后捞出沥水。

炒锅上大火，放入鲜汤，加入葱姜汁、精盐、味精，再放入冬笋片、黑木耳片，待汤煮沸时，用勺子撇去浮沫，放入香菜梗，淋上香油搅匀后盛入碗中即可食用。

【营养功效】滋阴凉血、和中润肠、清热化痰、解渴除烦、解毒透疹、养肝明目、消食。

小贴士

用不漏气的塑料袋装好冬笋后扎紧袋，放在阴凉通风处；可贮藏保鲜～30天。

胡萝卜蘑菇汤

主料：胡萝卜150克，蘑菇50克，黄豆30克，西蓝花30克。

辅料：食用油、盐、味精、糖各适量。

制作方法

将胡萝卜去皮切成小块；蘑菇切件；黄豆透蒸熟；西蓝花撕成小朵。

烧锅下油，放入胡萝卜、蘑菇翻炒数次，入清汤，用中火煮。

待胡萝卜块煮烂时，下入西蓝花、泡透的豆，调入盐、味精、糖，煮透即可食用。

【营养功效】胡萝卜富含维生素A和多种人必需的氨基酸及十几种酶，对防治高血脂、胖症等大有好处。

小贴士

常喝此汤能减肥消脂、利水健脾。

苋菜鲜笋汤

主料： 冬笋（或绿竹笋）、三色魔芋、苋菜各 150 克，素高汤 1250 毫升。

辅料： 米酒 20 毫升，盐 5 克，玉米粉 10 克，香油 5 毫升。

制作方法

1. 将冬笋去壳、洗净，再切滚刀块；苋菜去根部及老梗，洗净，切小段。

2. 三色魔芋在清水中浸泡 10 分钟，捞出，放入沸水中汆烫一下去味，再捞出过凉，每片对半切开。

3. 锅中倒入素高汤煮沸，加入笋块、三色魔芋片、苋菜，倒入米酒、盐调味，加入拌好的玉米粉、清水勾薄芡，淋入香油即可。

【营养功效】此汤具有降脂、降糖、通便等多种功用。

小贴士

冬笋鲜嫩，魔芋片美观，清淡无油腻，养颜美容。

干丝黄豆芽汤

主料： 香干 200 克，榨菜、菠菜、冬笋、水发黑木耳各 100 克。

辅料： 盐、味精、香油、黄豆芽适量。

制作方法

1. 将豆腐干放入开水中煮一下捞出晾凉，再切成细丝，用开水泡 5 分钟后取出再用开水泡上待用。

2. 榨菜洗净切成细丝，用清水泡一下；冬笋、黑木耳洗净切成细丝；菠菜洗净，用开水烫一下放入汤碗中。

3. 坐锅点火，放黄豆芽、汤，锅开后倒入豆腐干丝、榨菜丝、盐、黑木耳丝、冬笋丝、味精，待锅开后淋入香油，盛入装有菠菜的汤碗即可。

【营养功效】榨菜能健脾开胃、补气添精、增食助神。

小贴士

最后出锅时也可将主料用漏勺捞放于汤碗中，淋入香油。

主料： 新鲜花椰菜 400 克，罐头玉米粒 100 克。

辅料： 水淀粉、食用油、盐、香油、味精各适量。

制作方法

1. 将花椰菜洗净，撕成小朵，放入开水锅中焯透，捞出用凉水过凉，沥干水分待用。

2. 炒锅置火上，加油烧至六成热，下花椰菜煸炒，放入盐、玉米粒、味精和适量水，煮沸后用水淀粉勾汁，淋上香油，出锅即成。

【营养功效】花椰菜有强肾壮骨、补脑填髓、健脾养胃、清肺润喉功效。

小贴士

花椰菜放在盐水里浸泡几分钟，有助于去除残留农药。

主料： 冬瓜 200 克，绿豆 100 克。

辅料： 姜片、葱段、盐各适量。

制作方法

1. 将冬瓜去皮、去瓤、洗净，切成 3 厘米见方的块；绿豆淘洗干净，备用。

2. 锅置火上，放入适量清水，放入葱段、姜片、绿豆，大火煮沸，转中火煮至豆软。

3. 放入切好的冬瓜块，煮至冬瓜块软而不烂，放入盐，搅匀即可食用。

【营养功效】绿豆甘寒、清热解毒、以消痈肿。

小贴士

绿豆是夏季饮食中的上品，更高的是它的药用价值。盛夏酷暑，人们喝些绿豆粥，甘凉可口，防暑消热。

玉米蔬菜浓汤

主料：玉米粉200克，麦片100克，土豆50克，胡萝卜、芹菜、玉米粒、香菇、海带芽各30克。

辅料：盐、蔬菜高汤、香菜、胡椒粉各适量。

制作方法

1. 先将胡萝卜、土豆、芹菜洗净、切丁；香菇去蒂、浸泡、切丝，备用。

2. 锅中放入蔬菜高汤、麦片、胡萝卜丁、土豆丁、以及香菇丝煮沸后，再放入玉米粒、玉米粉以及芹菜丁拌匀，盖上锅盖，并用小火焖约20分钟。

3. 加海带芽、胡椒粉、盐调味后起锅，最后撒上适量香菜末即可饮用。

【营养功效】燕麦片富含蛋白质、纤维、矿物质和维生素。原味麦片不含白砂糖和盐，更适合老年人和糖尿病人、血脂及血糖偏高的人食用。

小贴士

购买时要注意，味道过浓的原味麦片，很可能是加了香味添加剂。

三鲜苦瓜汤

主料：苦瓜500克，水发香菇、冬笋各100克，鲜汤1000毫升。

辅料：盐、食用油适量。

制作方法

1. 将苦瓜去瓜蒂、去瓤，切成厚片；冬笋切薄片，香菇去蒂，切薄片。

2. 锅中加清水适量，煮沸，下苦瓜片汆一下，沥干水分。

3. 汤锅洗净置大火上，放油烧至七成热，放苦瓜微炒，倒入鲜汤，煮沸后下冬笋片、香菇片，煮至熟软，加盐调味即可食用。

【营养功效】清热祛暑、明目解毒、利尿凉血、解劳清心、益气壮阳。

小贴士

苦瓜能滋润白皙皮肤，还能镇静和保湿肌肤，特别是在容易燥热的夏天，敷上冰过的苦瓜片，能立即解除肌肤的干躁。

甜椒南瓜汤

主料： 南瓜 500 克，甜椒 100 克。

辅料： 食用油、盐适量。

制作方法

. 将南瓜洗净削去外皮，去除瓜瓤后切成粗
丝；甜椒洗净，去蒂去子，切成粗丝。

. 将南瓜用少量盐腌两分钟，用水漂一下，
历干水待用。

. 炒锅洗净，置大火上，放油烧至七成热，
下甜椒丝、盐微炒，下南瓜丝炒几下，加入
适量清水煮沸，至南瓜断生，撇去浮沫用盐
调味即可。

【营养功效】南瓜具有补中益气、消炎止痛、
化痰排脓、解毒杀虫、生肝气、益肝血的作用。

小贴士

选择外皮紧实、表面有光泽的甜椒
为好。

豆浆鲜菇汤

主料： 豆浆 500 毫升，鲜菇 20 克。

辅料： 糖 10 克，黄油 6 克。

制作方法

. 将鲜菇切片，黄油入锅化开。

. 下鲜菇片翻炒均匀后，倒入豆浆。

. 再依口味加糖，煮 5 分钟即可食用。

【营养功效】豆浆滋阴润燥、调和阴阳、消
热防暑、生津解渴、祛寒暖胃、滋养进补。

小贴士

成品放置几分钟后上面会结一层薄
皮，缀着黄油，色泽很漂亮。

菊花胡萝卜汤

主料：菊花6克，胡萝卜100克。

辅料：葱花、盐、味精、清汤、香油各适量。

制作方法

1. 将胡萝卜洗净、切片，放入盘中待用。
2. 锅上火，注入清汤，放入菊花、食盐、胡萝卜后煮熟。
3. 淋上香油，撒入味精、葱花即可食用。

【营养功效】菊花味甘苦，微寒散风、清热解毒。

小贴士

菊花忌与芹菜同食。

芹菜叶豆腐羹

主料：豆腐300克，芹菜嫩叶、红椒各100克。

辅料：盐、淀粉、胡椒粉、香油各适量。

制作方法

1. 豆腐切小块，放入沸水中汆一下。
2. 摘芹菜时嫩叶不要丢掉，洗干净汆水后切碎，红椒切成小碎丁。
3. 锅中加水煮沸，放入汆好的豆腐丁、芹菜叶碎，然后调入盐、胡椒粉，用淀粉勾一点薄芡，再淋入香油，最后撒上红椒丁即可。

【营养功效】芹菜具有健胃、利尿、净血、调经、降压、镇静等作用。

小贴士

芹菜叶中所含的胡萝卜素和维生素C比茎多，因此吃时不要把能吃的嫩叶扔掉。

白菜粉丝汤

主料： 白菜 100 克，粉丝 50 克。

辅料： 盐、葱花、香油、食用油、味精各适量。

制作方法

. 将白菜择去老叶，洗净，切丝；粉丝剪成 0 厘米长的段，用温水泡软。

. 锅置火上，放油烧热，放入葱末煸炒出香味，加入白菜丝稍加翻炒。

. 放入足量水、粉丝、盐煮沸，最后淋香油、如味精即可。

【营养功效】白菜解热除烦、通利肠胃、养胃生津、除烦解渴、利尿通便、清热解毒。

小贴士

食用粉丝后，不要再食油炸的松脆食品，如油条之类。因为油炸食品中含有的铝也很多，合在一起会使铝的摄入量大大超过每日允许的摄入量。

地中海蔬菜汤

主料： 土豆 60 克，青豆 300 克，番茄 100 克，芹菜 50 克，洋葱、蘑菇、四季豆各 200 克。

辅料： 大蒜、食用油、盐各适量。

制作方法

. 把所有蔬菜洗净，切丁；大蒜去皮切碎，备用。

. 在锅中加入食用油，加热后加入洋葱丁炒香，约 3 分钟后，加入芹菜与大蒜拌炒约 2 分钟。

. 然后把其他蔬菜丁加入，拌炒 2 分钟后，加入水，煮约 30 分钟后，用盐调味即可。

【营养功效】补脾益气、缓急止痛、通利大便。

小贴士

土豆所产能量低，但仍然让人有饱足感，是减肥的最佳食材。

什锦素珍羹

主料：胡萝卜、金针菇、白菜梗、真姬菇各 50 克。

辅料：食用油、盐、味精、淀粉各适量。

制作方法

1. 将白菜梗、真姬菇、胡萝卜均切丝，金针菇切段。

2. 食用油倒入烧锅烧热，锅中放入所有主料稍炒几下，加入适量清汤煮沸后用盐、味精调味，用淀粉勾芡即可。

【营养功效】补肝，益肠胃。

小贴士

真姬菇是独特品种，温度湿度光照者不同于平菇栽培，而且营养成分差异很大

咖喱绿豆汤

主料：绿豆 100 克，柠檬 15 克。

辅料：咖喱、食用油、盐各适量。

制作方法

1. 先把绿豆用油炒香，加入适量水煮沸，注意要不断搅拌，使绿豆成细腻的粉末状，注黏稠适中。

2. 在锅里加入咖喱同煮，直至汤呈现浅咖喱色即可。

3. 最后加盐调味，放入一片柠檬或咖喱叶即可食用。

【营养功效】咖喱能促进血液循环，达到发汗的目的，咖喱还具有协助伤口复合，预防老年痴呆症的作用。

小贴士

咖喱应密封保存，以免香气挥发散失

豆腐葱花汤

主料：鲜豆腐 500 克。

辅料：葱、姜片、食用油、酱油、香油、味精、盐各适量。

制作方法

1. 将豆腐切成小块或条，放清水中浸泡半小时；葱洗净，切碎。

2. 锅置火上放入适量油烧至七成热，放入豆腐稍煎，加入适量清水、姜片、酱油。

3. 煮沸后再煮 20 分钟，放入葱末，煮沸后，淋入香油，撒上盐、味精即成。

【营养功效】葱辛温，有发汗解毒作用。

小贴士

将 150 克大葱切碎后放入碗中，睡前将碗放在枕边，即可入睡，此法治疗由神经衰弱引起的失眠症有奇效。

番茄丝瓜汤

主料：番茄 120 克，丝瓜 600 克，熟猪油 10 克。

辅料：味精、盐、胡椒粉、葱花、鲜汤各适量。

制作方法

1. 将番茄洗净，切成薄片；丝瓜刮去粗皮洗净，切成薄片。

2. 锅洗净，置于中火上，下熟猪油烧至六成热，掺入鲜汤煮沸。

3. 放入丝瓜、番茄，煮熟时，加胡椒粉、盐、味精起锅入汤盆内，撒入葱花即成。

【营养功效】丝瓜有清凉、利尿、活血、通经、解毒之效。

小贴士

丝瓜性寒滑，多食易致泄泻；更不可生食。

主料： 鲜嫩玉米 400 克，菠萝、青豆各 25 克，枸杞子 15 克，冰糖 250 克，淀粉 50 克。

辅料： 味精、盐、胡椒粉各适量。

制作方法

1. 将玉米洗一遍，放入适量的沸水，蒸 1 小时取出；菠萝切同玉米大小的颗粒；枸杞子用水泡发。

2. 烧热锅，加水 2000 毫升和冰糖煮沸熔化，过箩筛，将糖水再倒入锅内。

3. 放入玉米、枸杞子、菠萝、青豆煮沸，等青豆熟透，以盐、胡椒粉调味，用淀粉水勾芡即可。

【营养功效】 菠萝解暑止渴、消食止泻。

小贴士

用鲜菠萝汁加入凉开水服，清热除烦、生津止渴颇有良效。用于伤暑或热病烦渴。

主料： 丝瓜 200 克，水发香菇 15 克。

辅料： 香油、食用油、味精、盐各适量。

制作方法

1. 先将丝瓜去皮、洗净，切成滚刀片。香菇择洗干净，切成小块。

2. 将炒锅放火上，加入食用油，热后倒入丝瓜煸炒片刻下盐。

3. 然后将香菇和清水倒入锅中同煮至熟，加入味精、香油，盛入碗内即成。

【营养功效】 清热化痰、凉血解毒。

小贴士

丝瓜的味道清甜，烹煮时不宜加酱油和豆瓣酱等口味较重的酱料，以免抢味。

主料： 油菜心 200 克，豆腐 100 克，真姬菇、滑子菇各 50 克。

辅料： 盐、食用油、味精、胡椒粉各适量。

制作方法

1. 将油菜心摘洗干净切成段；真姬菇切成小丁和滑子菇洗净备用；豆腐切成薄片，放入油锅中炸成金黄色捞出切块备用。
2. 锅中留余油，放入真姬菇和滑子菇大火翻炒片刻，倒入少量清水，加盐、味精、胡椒粉调味。
3. 煮沸后放入油菜心、豆腐块条煮熟即可食用。

【营养功效】 补脾胃、益气。

小贴士

菜心是广东的特产蔬菜，品质柔嫩、风味可口。

主料： 鲜平菇、嫩豆腐各 150 克，油菜心 100 克。

辅料： 食用油、盐、味精、香油各适量。

制作方法

1. 将平菇去蒂、洗净，切成片备用。
2. 将嫩豆腐洗净，切成细条备用；将油菜心洗净，切成丝备用。
3. 锅中注入清水 750 毫升，煮沸后放入平菇片、豆腐条、油菜心，煮至主料断生，用盐、味精调好味，淋上香油，盛入汤盆即成。

【营养功效】 平菇性味甘、温，具有追风散寒、舒筋活络的功效。

小贴士

平菇可以炒、烩、烧。平菇口感好、营养高、不抢味。但鲜品出水较多，易被炒老，须掌握好火候。

栗子白果羹

主料： 栗子肉、白果肉各200克，青梅、菱粉各40克。

辅料： 糖15克，桂花糖6克。

制作方法

1. 将栗子、青梅都切成与白果一样大小，然后将栗子和白果上笼蒸约45分钟。

2. 将栗子和白果取出，与青梅一起放入锅内加入600毫升水煮沸即可食用。

3. 加上拌有糖的湿菱粉，调成羹（湿菱粉不要放得过多），然后将桂花糖放入，调匀后起锅即可食用。

【营养功效】敛肺定喘、止带浊、缩小便。

小贴士

没有干透的白果买回家后要放在阴凉处阴干。但是白果散发的气味特别难闻，是特怪的酸臭气。

天麻豆腐汤

主料： 新鲜豆腐400克，新鲜香菇50克，天麻、茯苓、枸杞子各5克。

辅料： 盐、料酒、味精各适量。

制作方法

1. 将豆腐切块，香菇切十字纹。

2. 将500毫升水注入锅中煮沸，放入天麻、茯苓、枸杞子，用小火煮1小时。

3. 加入香菇、豆腐同煮5分钟，再放入盐、料酒、味精调味即可食用。

【营养功效】利水渗湿、益脾和胃、宁心安神。

小贴士

茯苓以安徽、湖北为国内主要产地，但云南所产品质较佳，称“云茯苓”，为地道药材。

嫩豇豆汤

主料：豇豆 250 克，青椒 75 克，鲜汤 750 毫升，水淀粉 10 克。

辅料：盐、食用油各适量。

制作方法

. 将豇豆洗净，切成 3 厘米左右的段；青
椒去蒂、去子洗净后切成丝。

. 炒锅置大火上，将油烧成七成热，放青椒
丝炒出香味，加少许盐炒匀，再倒入豇豆同
少；倒入鲜汤，煮两分钟用盐调好味，勾入
k淀粉即可。

【营养功效】健脾利湿、清热解毒、止血。

小贴士

长豇豆不宜烹调时间过长，以免造
戉营养损失。

清凉冬瓜汤

主料：冬瓜 500 克，木耳 10 克。

辅料：生姜、蘑菇精、香油、盐各适量。

制作方法

. 将冬瓜去皮、瓤及子，切片；黑木耳放水
中泡好，撕成小朵；生姜洗净，拍松。

. 锅中倒入适量水，放入冬瓜，煮 3～5 分钟，
再放入黑木耳，加热约 3 分钟，再加入生姜，
最后用蘑菇精、盐调味。

. 将汤盛入汤碗中，淋入香油即可食用。

营养功效】冬瓜味甘淡，性微寒。能清热
痰、除烦止渴、利尿消肿。

小贴士

为了菜色美观，可加一两片香菜叶
乍为点缀。

花生桂圆红枣汤

主料： 带衣花生300克，桂圆肉100克，红枣50克。

辅料： 糖80克。

制作方法

1. 将花生洗净，入水2小时后沥干，和红
一起放入锅中。

2. 加1200毫升水以大火煮沸，转小火慢
40分钟。

3. 将桂圆肉加入锅中续煮5分钟，加糖调
即成。

【营养功效】花生味甘性平，能补脾益气、润肺化痰、催乳、滑肠、止血。

小贴士

“花生的红衣”有补血、促进凝
的作用，这对于贫血的人和伤口愈合
有好处。反过来，对于血液黏稠度高
人来说，就没什么好处了，反而会增
心脑血管疾病的风险。

栗子莲藕汤

主料： 莲藕750克，栗子20个，葡萄干25克。

辅料： 糖25克，水2000毫升。

制作方法

1. 将莲藕表面洗净，皮用刀背刮去薄膜后，
切片状，藕节须切除；栗子去壳、去膜
备用。

2. 将以上材料与水一起放到锅内，加热至
后，改中火煮15分钟，加盖后熄火，焖3
分钟。

3. 放入葡萄干及糖，小火煮2分钟使糖溶
后，即可食用。

【营养功效】清热凉血、通便止泻、健
开胃、益血生肌、止血散淤。

小贴士

因与“偶”同音，故民俗用食藕
愿婚姻美满，又因其出污泥而不染，
荷花同作为清廉高洁的人格象征。

什锦羹汤

主料： 豆腐250克，香菇50克，荷兰豆40克，胡萝卜片20克，笋片30克，红辣椒、榨菜末、芹菜末各10克。

辅料： 食用油、姜片、高汤、盐、糖、水淀粉、香油各适量。

制作方法

. 将香菇、红辣椒洗净、切片。

. 豆腐切大块，入油锅炸过。

. 热锅入油爆香姜片及香菇，放入所有材料及调味料同烧，用水淀粉勾芡、淋上香油、撒上芹菜末即可。

【营养功效】健脾开胃、促进食欲。

小贴士

此汤色泽艳丽、营养丰富，一般人群均可食用。

海带什蔬汤

主料： 海带芽200克，鸡蛋1个，滑子菇、豆芽各50克，小番茄10克。

辅料： 盐、味精、胡椒粉、香油、葱各适量。

制作方法

. 将小葱切成末；小番茄切开；鸡蛋入碗中打散；豆芽洗净；海带芽剪断备用。

. 坐锅点火倒入水，水开后放入海带芽、滑子菇大火炖2~3分钟。

. 加入胡椒粉、味精、盐调味，放入豆芽，待豆芽煮熟后倒入鸡蛋、小番茄，撒上葱末、淋香油即可食用。

【营养功效】清热降火、滋补强身。

小贴士

海带芽与醋很对味，醋可让海带芽软化。

双萝翠芹汤

主料： 白萝卜300克，胡萝卜100克，芹菜30克。

辅料： 盐适量。

制作方法

1. 将白萝卜与胡萝卜分别洗净、削皮，切菱形块；芹菜去叶，洗净后切小段。

2. 沙锅置火上，放入适量清水，把白萝卜、胡萝卜放入锅中，大火煮沸转小火。

3. 煮至萝卜变软，放入芹菜段煮熟后，加盐调味即可。

【营养功效】排毒减肥、有利胃肠。

小贴士

汤中还可加入山楂。山楂多产于北方，南方人如果吃不惯，可以用新鲜的梅子来替换，梅子是富含有机酸和无机酸的碱性食物，大量的柠檬酸对热能的代谢有良好作用。

南瓜杏仁汤

主料： 南瓜250克，甜杏仁25克。

辅料： 盐适量。

制作方法

1. 将南瓜洗净，削去外皮，切块；甜杏仁洗净备用。

2. 锅中倒入清水适量，加入南瓜块，再加入甜杏仁及盐调味。

3. 大火煮沸后改小火焖煮至熟烂即可食用。

【营养功效】润肠通便、降脂减肥。

小贴士

产妇、幼儿、实热体质者和糖尿病患者，不宜吃杏仁及其制品。

山楂橘皮海带汤

主料： 海带60克，山楂片、橘皮各30克。

辅料： 盐适量。

制作方法

1. 将海带用清水泡发，洗净切块；山楂片、橘皮洗净备用。
2. 锅中注入清水适量，放入海带、山楂片、橘皮一起煮。
3. 煮熟后加适量盐调味即可食用。

【营养功效】化积消食、轻身健体。

小贴士

豆腐与海带等海藻类食物合吃有益于眼睛清晰，脑更灵活。

马蹄木耳汤

主料： 马蹄100克，黑木耳20克。

辅料： 盐适量。

制作方法

1. 将黑木耳用冷水发开，洗净，撕成碎块。
2. 马蹄用清水浸泡半小时，去皮，洗净，切成薄片。
3. 将马蹄与黑木耳同入锅中，加水适量，大火煮沸后，改中火继续煮15分钟后用盐调味即成。

【营养功效】清热生津、凉血解毒、化痰消积、明目退翳。

小贴士

此汤不适宜小儿及消化力弱、脾胃虚寒者。

火腿洋葱汤

主料：三明治火腿50克，洋葱60克，番茄30克。

辅料：蒜末、味精、盐、黑胡椒粉、食用油各适量。

制作方法

1. 将火腿、洋葱、番茄均去皮切片。

2. 以10毫升食用油小火煎火腿至香酥，续下洋葱、番茄炒香即可加入水煮沸。

3. 改小火加盖再煮7～8分钟，食用前放盐味精、黑胡椒粉、蒜末调味即成。

【营养功效】洋葱含有蛋白质、糖类、膳食纤维、钙、磷、铁、硒、维生素B_1、维生素C等

小贴士

洋葱辛温，热病患者应慎食。

天冬萝卜汤

主料：天冬（天门冬）15克，胡萝卜300克。

辅料：葱花、盐、胡椒粉各适量。

制作方法

1. 将天冬切成厚片；锅中加水，放天冬煮成汁水。

2. 锅内下胡萝卜丝，把天冬药汁倒入煮沸，加盐调味，再煮片刻，加葱花、胡椒粉即可食用。

【营养功效】健胃开胃、生津益血、益气温和。

小贴士

虚寒泄泻及风寒咳嗽者禁服。

五丝酸辣汤

主料：白萝卜150克，猪瘦肉丝、海带、黑木耳、玉兰片各50克，红辣椒80克。

辅料：料酒、食用油、姜、酱油、香油、胡椒粉、白醋、盐、味精、淀粉各适量。

制作方法

. 将海带、黑木耳、玉兰片用温水泡发，切丝；白萝卜洗净、切丝；肉丝加盐、料酒、淀粉和水拌匀。

. 炒锅上火放油，待油烧至五成热时，爆香姜丝，倒入肉丝炒熟，再加入其他各丝煸炒。

. 加适量水，煮沸后加酱油、白醋、味精、盐、胡椒粉调味，再用水淀粉勾薄芡，淋上香油即可。

【营养功效】黑木耳中铁的含量极为丰富，常吃能养血驻颜，令肌肤红润、容光焕发。

小贴士

凡表面光洁，呈玉白色或奶白色的玉兰片品质好。

三鲜冬瓜汤

主料：冬瓜500克，水发香菇、罐头冬笋各100克，猪瘦肉50克。

辅料：鲜汤1200毫升，盐、食用油、姜片各适量。

制作方法

. 先将冬瓜削去皮，去瓤洗净，切成小薄片；猪瘦肉切薄片；冬笋切成小薄片；香菇去蒂，切成薄片。

. 锅洗净置大火上，放入姜片、倒入食用油烧至七成热时，放入冬瓜微炒，掺入鲜汤。

. 冬瓜煮至快软时，下冬笋片、肉片、香菇同煮至冬瓜熟，加盐调味起锅即可。

【营养功效】清热化痰、除烦止渴、利尿消肿。

小贴士

热病口干烦渴，小便不利者宜多食冬瓜。香菇以形态饱满、整齐、香味较浓者为好。

五色紫菜汤

主料：紫菜 60 克，熟猪肉、水发香菇、胡萝卜、水发玉兰片各 30 克，豌豆苗 100 克。

辅料：熟鸡油 30 毫升，高汤 1000 毫升，胡椒粉、味精、盐各适量。

制作方法

1. 将胡萝卜在开水中氽熟，切成小菱形片；熟猪肉切薄片；香菇切片。

2. 紫菜用凉水泡发、洗净，沥干；豌豆苗洗净在开水中氽一下，捞出放入大汤碗中，将紫菜摆在上面。

3. 将汤锅置大火上，放入高汤，加放熟肉片水发玉兰片、水发香菇、胡萝卜片，煮几分钟撇去浮沫，放入盐、味精、胡椒粉盛入大汤碗内，淋上熟鸡油。

【营养功效】清热化痰、健胃益气。

小贴士

豌豆苗颜色嫩绿，具有豌豆的清香味，最宜用于汤肴。

双菇肉丝汤

主料：金针菇 100 克，香菇 50 克，肉丝 80 克。

辅料：葱、酱油、柴鱼粉、盐、白胡椒粉、香油各适量。

制作方法

1. 将肉丝先用酱油拌腌；金针菇去蒂后洗净切成两段；香菇浸透后切成丝；葱切葱花；水同步煮沸备用。

2. 将金针菇和香菇丝投入沸水中，接着将肉丝投入。

3. 再用柴鱼粉、盐调味，熄火前放入葱花及白胡椒粉，滴适量香油即成。

【营养功效】疏肝和胃、解毒润燥。金针菇其锌的含量较高，又属高钾低钠食品，高血压及老年人常食有益。

小贴士

脾胃虚寒者不宜过多食用金针菇。

苦瓜豆腐汤

主料：苦瓜 150 克，猪瘦肉 100 克，豆腐 400 克。

辅料：食用油、料酒、酱油、香油、盐、味精各适量。

制作方法

. 将猪瘦肉剁成末，加料酒、酱油、香油腌
0 分钟；苦瓜去瓤、切片；豆腐切成厚片。

. 食用油烧熟，略为降温后下肉末划散，加
入苦瓜片翻炒片刻。

. 锅中倒入适量沸水，加入豆腐块，用勺子
刂碎后加盐、味精调味，再煮沸勾薄芡，淋
上香油即可食用。

【营养功效】清热解暑、通利胃肠。

小贴士

糖尿病、痱子患者适宜多食苦瓜。
苦瓜煮水擦洗皮肤，可清热止痒去痱。

火腿白菜汤

主料：大白菜心 200 克，熟鸡肉、熟火腿各 50 克。

辅料：盐、胡椒粉、味精、鸡汤、食用油、鸡油、姜丝各适量。

制作方法

. 大白菜心切段，放入沸水锅内汆一下，
捞出；熟鸡肉、火腿均切成薄片。

炒锅上火烧热，加适量底油，放入白菜心、
火腿片、鸡肉片煸炒一下。

再加入鸡汤、姜丝、胡椒粉、盐、味精，
用大火煮沸至入味，淋鸡油，倒入汤碗内
即成。

【营养功效】养胃生津、除烦解渴。

小贴士

大白菜不宜用煮汆、浸汤后挤汁，
则营养成分会大量损失。

青蒜土豆汤

主料： 青蒜6根，土豆1个。

辅料： 高汤、食用油、盐、蒜末、胡椒粉各适量。

制作方法

1. 将青蒜洗净，切片；土豆去皮，洗净，切成片状，备用。
2. 蒜末用油爆香，加土豆片炒至熟软。
3. 倒高汤加入青蒜片煮15分钟，放盐和胡椒粉调味即可。

【营养功效】补益肠胃、减肥去脂。

小贴士

适宜消化不良的人食用。

藕片汤

主料： 生藕400克，干香菇20克，猪瘦肉50克。

辅料： 猪油、糖、盐、味精、葱末、姜丝、食用油、料酒各适量。

制作方法

1. 将猪肉洗净，切成薄片，放入大碗内，用葱末、姜丝、料酒和适量盐兑汁浸泡5分钟；香菇浸泡洗净；藕洗净削皮，切成象眼片。
2. 将汤锅置火上，放油烧热，先将猪肉片煸炒片刻。
3. 在锅中注水2000毫升，同时加入香菇、藕片、料酒、糖，煮5分钟，放盐、猪油、味精，起锅盛入汤碗内即成。

【营养功效】养心生血、补益脾胃。

小贴士

莲藕如果发黑，有异味，则不宜食用。莲藕生用性寒，有清热凉血作用，可用来治疗热性病症。

主料：青、胡萝卜各 250 克，甜杏仁 15 克。

辅料：猪瘦肉、盐各适量。

制作方法

1. 将青、胡萝卜去皮，切块；猪瘦肉也切成块。
2. 沙煲内加入青、胡萝卜块、猪瘦肉、甜杏仁和 1500 毫升水，煲 2 小时即可。
3. 加盐调味即可食用。

【营养功效】清热解毒、润肠通便、止咳透疹。

小贴士

阴盛偏寒体质、脾胃虚寒者等不宜多食萝卜。甜杏仁有美容功效，能促进皮肤微循环，使皮肤红润光泽。

主料：韭菜 250 克，猪肉 100 克，鸡蛋 2 个。

辅料：盐、食用油、味精各适量。

制作方法

1. 将猪肉切丝，韭菜切段。
2. 将肉丝用开水烫一下后，捞出，另起锅加食用油，加入韭菜，稍炒，放入肉丝加适量水。
3. 煮沸后，加入鸡蛋浆、盐、食用油、味精，再煮沸，稍微搅匀即可。

【营养功效】韭菜含有挥发性精油及硫化物等特殊成分，散发出一种独特的辛香气味，有助于疏调肝气，增进食欲，增强消化功能。

小贴士

一般人群均可食用。凡阴虚内热或疮疡、疮痒肿毒者不宜食用。此汤要是再加一些银耳，味道上会更可口。

三丝汤

主料：土豆、鲜黑木耳各200克，鲜猪瘦肉100克。

辅料：盐、食用油各适量。

制作方法

1. 将鲜黑木耳、土豆均切丝。
2. 土豆丝下油锅稍微煸炒一下，加入黑木耳丝。
3. 翻炒几下后加入肉丝，加水煮沸，熟后用盐调味即可。

【营养功效】补血生津。

小贴士

清洗木耳最好是在温水中放入木耳，然后再放入盐，浸泡半小时就可以让木耳快速变软；然后再加入2勺淀粉，之后再进行搅拌。用这种方法可以去除木耳细小的杂质和残留的沙粒。

红豆香芋汤

主料：赤豆100克，香芋200克。

辅料：红糖适量。

制作方法

1. 将赤豆洗净，用水泡3个小时。
2. 香芋去皮、洗净，切成大小适中的块。
3. 锅中加入赤豆和水，大火煮沸后转中火，煮1小时左右，煮至赤豆开花后加入切好的芋头块，继续煮20分钟；煮至赤豆、芋头都软烂。
4. 最后加入红糖调味即可。

【营养功效】赤豆富含维生素B_1、维生素B_2、蛋白质等。

小贴士

煮赤豆的时候，不要提前放糖，否则很难煮沸。

主料： 番茄 150 克，猪肉 100 克，鸡蛋 2 个。

辅料： 盐、食用油、姜适量。

制作方法

先将番茄斜刀切块；猪肉切片。

姜片、番茄爆香，加水煮沸。

加入肉片，大火煮沸后，肉熟，放入蛋浆，待蛋花浮起时用盐调味即可。

【营养功效】番茄具有生津止渴、健胃消食、清热解毒、凉血平肝、补血养血和增进食欲的功效。

小贴士

不要食用未成熟的番茄，因为青色的番茄含有大量的有毒番茄碱。

主料： 大白菜 200 克，猪骨 500 克，蜜枣 20 克。

辅料： 盐、葱、姜、食用油各适量。

制作方法

将大白菜切丝；猪骨剁开。

将猪骨去净血污放油锅里汆熟。

锅内放入葱丝、姜丝，将排骨爆香。

加入大白菜、蜜枣后加水，煮沸 30 分钟用盐调味即可。

【营养功效】白菜中含有丰富的维生素 C、维生素 E，多吃白菜，可以起到很好的护肤养颜效果。

小贴士

若脾胃虚寒，消化欠佳之人食之，引起胃肠饱胀或腹泻，故应在骨汤中入生姜或胡椒。

番茄包心菜肉末汤

主料：包心菜500克，番茄200克，猪肉100克。

辅料：食用油、姜、盐适量。

制作方法

1. 将包心菜切丝；猪肉切碎；番茄切件。

2. 将番茄用姜片爆香，炒透，加水，下包心菜丝、肉碎煮沸，用盐调味稍煮，待肉碎熟即可。

【营养功效】包心菜营养相当丰富，含有大量维生素C、纤维素、碳水化合物和各种矿物质。除此以外包心菜还含有维生素U。维生素U是抗溃疡因子，并具有分解亚硝酸胺的作用。

小贴士

经常吃包心菜对皮肤美容也有一定的功效，能防止皮肤色素沉淀，减少青年人雀斑，延缓老年斑的出现。

珍珠白玉汤

主料：鲜金针菇、豆腐各150克，白菜120克，鸡清汤150克。

辅料：盐、料酒、姜汁、胡椒粉、香油、味精、葱段各适量。

制作方法

1. 将金针菇洗净，菇盖与柄切开；豆腐切成2厘米见方小薄块；白菜洗净，切成2厘米见方的小块备用。

2. 汤锅上火，加入鸡汤，放入豆腐、盐、料酒、姜汁、葱白段，煮沸至豆腐入味。

3. 再加入白菜、金针菇、胡椒粉，煮沸片刻，淋香油，放味精烧匀，离火出锅装汤碗。

【营养功效】金针菇富含赖氨酸和锌，有利于促进青少年智力发育。

小贴士

金针菇一定要煮熟再吃，否则容易中毒。

主料： 豆腐30克，熟鸡肉（或火腿），香菇、熟猪瘦肉丝、水发海参、水发鱿鱼各15克，鸡蛋1个。

辅料： 酱油、淀粉、葱花、猪油、味精、胡椒粉、香醋、盐、鸡汤各适量。

制作方法

1. 将豆腐、香菇、海参、鱿鱼分别切成块或细丝。
2. 将上述材料同熟肉丝、熟鸡丝放入锅内，加鸡汤、盐、味精、酱油，用大火煮沸，再用水淀粉勾芡后，改小火，加入打散的鸡蛋。
3. 将胡椒粉、醋、葱花及适量猪油放入汤碗内，在锅内蛋花浮起时即改大火，稍煮，冲入汤碗内即可食用。

【营养功效】鸡肉有温中益气、补虚填精、健脾胃的功效。

小贴士

鸡为食疗上品，以母鸡和童子鸡为佳。

主料： 苹果250克，无花果5个，猪前腿肉500克。

辅料： 盐适量。

制作方法

1. 将猪前腿肉洗净，切小块，汆水、沥干；苹果去心，留皮，切大块；无花果洗净。
2. 将清水煮沸，放入所有材料，加盖，用小火煲约2小时。
3. 加适量盐调味即可。

【营养功效】降火解毒、滋润养颜。

小贴士

煲此汤除苹果外，还可用雪梨、蜜瓜等生果。

图书在版编目（CIP）数据

家庭营养汤1688例 / 犀文图书编写. — 杭州：浙江科学技术出版社，2015.10

ISBN 978-7-5341-6916-8

Ⅰ. ①家… Ⅱ. ①犀… Ⅲ. ①保健—汤菜—菜谱
Ⅳ. ①TS972.122

中国版本图书馆CIP数据核字（2015）第212246号

书　　名　家庭营养汤1688例
编　　写　犀文图书

出版发行　浙江科学技术出版社
杭州市体育场路347号　邮政编码：310006
办公室电话：0571-85176593
销售部电话：0571-85176040
网　址：www.zkpress.com
E-mail：zkpress@zkpress.com

排　　版　广东犀文图书有限公司
印　　刷　浙江新华数码印务有限公司
经　　销　全国各地新华书店

开　　本　710×1000　1/16　　印　张　16
字　　数　200 000
版　　次　2015年10月第1版　　印　次　2015年10月第1次印刷
书　　号　ISBN 978-7-5341-6916-8　　定　价　29.80元

责任编辑　王巧玲　李骁睿　　责任印务　徐忠雷
责任校对　刘　丹　王　群　　责任美编　金　晖